Python寻宝之旅

主编　袁伟

西南交通大學出版社
·成都·

图书在版编目（CIP）数据

Python 寻宝之旅 / 袁伟主编. —成都：西南交通大学出版社，2021.8
ISBN 978-7-5643-8155-4

Ⅰ. ①P… Ⅱ. ①袁… Ⅲ. ①软件工具－程序设计－教材 Ⅳ. ①TP311.561

中国版本图书馆 CIP 数据核字（2021）第 150589 号

Python Xunbaozhilü
Python 寻宝之旅

主编 袁 伟

责任编辑 李华宇
封面设计 曹天擎

出版发行 西南交通大学出版社
（四川省成都市金牛区二环路北一段 111 号
西南交通大学创新大厦 21 楼）
邮政编码 610031
发行部电话 028-87600564 028-87600533
网址 http://www.xnjdcbs.com
印刷 四川煤田地质制图印刷厂

成品尺寸 185 mm × 260 mm
印张 6.25
字数 86 千
版次 2021 年 8 月第 1 版
印次 2021 年 8 月第 1 次
定价 38.00 元
书号 ISBN 978-7-5643-8155-4

课件咨询电话：028-81435775
图书如有印装质量问题 本社负责退换

编委会

前言 PREFACE

"每个人都应该学习编程，因为它教你如何思考。"

——乔布斯

新时代技术飞速发展，人工智能、移动互联网、大数据、云计算等技术正在助力人类社会迈入人机协同、跨界融合、共创分享的智能新时代。2017 年国务院印发《新一代人工智能发展规划》，提出：实施全民智能教育项目，在中小学阶段设置人工智能相关课程，逐步推广编程教育。同年，工业和信息化部印发《促进新一代人工智能产业发展三年行动计划（2018—2020 年）》，明确提出：以多种方式吸引和培养人工智能高端人才和创新创业人才。编程能够培养学生解决复杂问题的思维能力，随着国家人工智能相关政策的出台，各地正积极推动人工智能进学校、编程教育进课堂。

2020 年 5 月教育部印发《普通高中课程方案和语文等学科课程标准（2017 年版 2020 年修订）》，在这一轮新课程标准中丰富了人工智能编程的相关内容。2019 年出版的四川省义务教育阶段的信息技术教科书中，人工智能技术与 Python 编程相关知识占整部教材近 1/3 的篇幅。本书作为人工智能编程教育参考书，以 Python 编程为主，从数学、逻辑学、计算机科学等基础入手，通过若干富有趣味的编程小项目，引导教师转变传统的教学观念，倡导以学习者为中心的探究式学习方法，重点突出学生在解决实际问题的过程中提升信息素养、人工智能编程能力。本书整合了现有四川省义务教育信息技术教材 Python 编程部分的内容，对分散的知识进行融合整理，书中活动设计贴近学生生活和学习，并融合了项目学习的思想，激发学生编程兴趣，以提升学生用人工智能编程知识解决实践问题的能力。

本书以一张神秘的藏宝图为主线，开启学生神秘的 Python 寻宝之旅，全书主要由四部分组成：第一部分“一张神秘的藏宝图——前往星之岛”，让学生在探宝的路上学习基本输入输出语句、if 条件语句和 for 循环语句等知识；第二部分“一张神秘的藏宝图——登上星之岛”，引导学生利用海龟绘图模块，用编程思维进行艺术创作，同时了解人脸识别技术基本原理；第三部分“寻宝大作战”，通过 random 模块和列表的学习，让学生了解数据存放与排序的基本知识；第四部分“一张神秘的藏宝图——未来之信”，通过 numpy、matplotlib 等模块的学习，让学生了解 Python 强大的数据分析处理和数据可视化功能。附录部分包括“爬虫技术”的相关知识，让学生领略 Python 强大的人工智能技术。

本书能够顺利完成，要感谢四川大学王建教授的精心指导、武侯区教科院信息技术教研员刘松梅老师的大力支持和四川美术学院饶语嫣对配图的用心设计以及参加此次编写的武侯区袁伟名师工作室成员们的辛苦付出！

本书内容中商业举例仅限于向学生传播知识和教师用于教学研究的需要。由于此次编写工作时间紧、内容多，在编写过程中难免有疏漏，恳请各位师生在使用过程中提出宝贵的意见与建议，以便修订完善。

扫码获取数字资源

编 者

2021 年 6 月

目录 CONTENTS

第一部分

一张神秘的藏宝图

——前往星之岛

小天意外获得了一张藏宝图，藏宝地位于一海之隔的星之岛。他在网络上发布了召集令，想要召集几个志同道合的小伙伴一同前往星之岛寻宝。

一、寻宝小分队召集令

家住海边的小天在二手书店买了一本《Python 寻宝之旅》，书里的内容非常有趣，小天爱不释手，时常翻阅。在一个偶然的机会下，小天发现这本书的封面竟然暗藏玄机，好像有一些隐藏的线索等着被发现。他灵机一动，大胆地用剪刀拆开了封面，赫然发现封面里夹着一张藏宝图！

藏宝位置就在一海之隔的星之岛。星之岛路途遥远，寻宝之旅困难不定，所以小天想召集几个志同道合的小伙伴一同前往星之岛寻宝。

1. 设计召集令

召集令要写哪些内容呢？小天陷入了沉思，一下子写出来可能有些困难，那就先列出召集令的相关信息吧。

召集事由：一起去探寻古老的宝藏。

召集令涉及的地点：星之岛。

对新伙伴的要求：勇敢、喜欢编程。

联系方式：QQ ********

现在相关信息列出来了，要怎么写才能吸引志同道合之人踊跃报名呢？你能帮帮小天吗？

试一试

2. 实现召集令

召集令的内容已经出来了。为了吸引同样喜欢编程的小伙伴，小天决定将召集令用 Python 代码实现出来，如果能看懂自己用代码写的召集令，那肯定是有一些编程基础的。要用哪个语法呢？小天上网查了下 Python 的语法，找到了一个适合实现自己想法的 print 语句。

知识锦囊

print（'引号里可以是任意内容'）

引号（'或"）不管引号里是啥，都会原样打印出来

下面，小天准备将“召集令”三个字用 print 语句打印输出，应该怎么实现呢？

```
print('召集令')
```

运行代码后，得到如下的结果：

```
召集令
```

换成双引号，让召集令居中显示呢？

```
print("                    召集令")
```

运行代码后，得到如下结果：

```
                     召集令
```

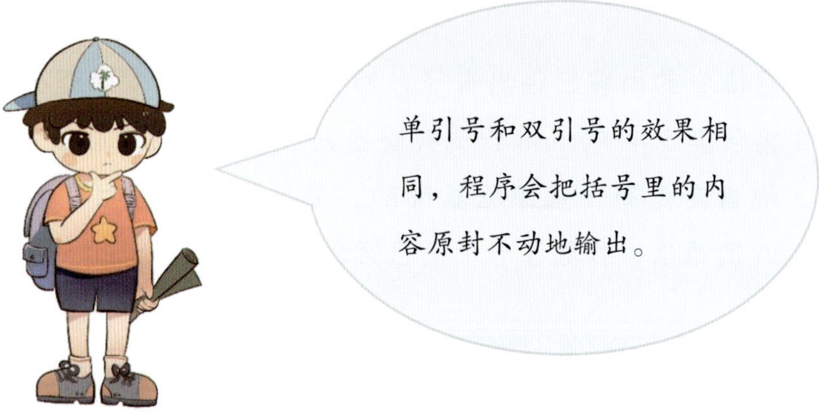

试一试

你能模仿小天刚才的代码，输出如下内容吗？

召集令
你想开启一段刺激的寻宝之旅吗？
你想认识一群志同道合的朋友吗？
这里有一张藏宝地图，
等待勇敢又热爱编程的你加入！
联系方式：QQ ********
联系人：小天

小天在想，如果 print 语句不加引号会怎么样，于是他又写了如下的代码。

```
print(12+15)
```

运行程序后，程序把 12+15 的值算出来了，好厉害！那如果只输出单个数字呢？

```
print(12)
```

运行程序后，程序输出了 12。

这是为什么呢？小天查阅了一些资料，终于明白了！不加引号的数字和加引号的文字是不同的数据类型，不加引号的数字是整数类型，而加引号的文字是字符串类型，组成字符串的一个个元素被称为字符。如果组成字符串的元素都是数字，我们还能用 int 语句将字符串类型的数据转成整数类型。

3. 你学到了什么

（1）整数和字符

整数和字符是 Python 中常见的数据类型，字符常用单引号(' ')或双引号(" ")表示。整数之间可以直接进行运算，字符与整数不能直接进行运算。使用 int()函数可以将字符转换为整数。使用方法见表 1。

表 1　整数和字符使用示例

示例	数据类型	值
1	整数	1
1+2	整数	3
'1'	字符	1
'小天'	字符	小天
int('1')	整数	1
int('1')+int('2')	整数	3

（2）print 语句

一般来讲，可以把 print()理解为展示打印的结果，使用方法就是把要打印查看的对象放进括号。使用方法见表 2。

表 2　print 语句使用示例

功能	使用方法	代码示例	运行结果
打印数字	print(数字)	print(1)	1
打印字符	print(字符)	print('a')	a
打印多个数字的计算结果	print(计算方式)	print(1+2)	3
打印多遍字符	print(字符*数字)	print('a'*5)	aaaaa

4. 编程小测试

在发出召集令之前，我们可以给召集令加一个边框，你能用 print 语句实现如下两种效果吗？

```
**********************
*       亲爱的小伙伴，      *
*   我找到了一张藏宝图，    *
*   就在对面的星之岛。      *
*   让我们一起去寻宝吧！    *
*               —小天      *
**********************
```

```
*********************
*                   *
*      召集令        *
*                   *
*    亲爱的小伙伴，   *
*  我找到了一张藏宝图， *
*  就在对面的星之岛。   *
*  让我们一起去寻宝吧！ *
*                   *
*          —小天     *
*********************
```

二、寻宝小伙伴来啦

小天在网络上发出了召集令，希望召集到志同道合的人一起去寻宝。召集令在网络上发出之后，很快就有了回复。

“你好小天，我叫小舞，藏宝图听起来很有趣啊，我们一起去寻宝吧。”

这是小天收到的第一个回复，他赶紧答道：“你好，小舞，欢迎你的加入，为了让我更了解你，你能介绍一下自己吗？”

“当然可以，我 13 岁了，正在读七年级，我爱好很多的，喜欢篮球、游泳，喜欢吃美食。我最擅长的嘛，数学算不算呢？”

…………

网友们回复的信息越来越多，小天都有点回复不过来了！这可怎么办呢？小天想了一下，那就写一个程序，先引导网友回答自己最关心的问题。

1. 设计关心的问题

哪些信息是最需要的呢？名字、年龄、性别、爱好、特长都不可缺少。那就先围绕这些重要的信息设计问题吧。

你好，我是小天，为了更加有效地进行沟通，请你先回答下面几个问题：

你叫什么名字呀？

现在的年龄是多少岁？

你的性别是什么？

你的爱好是什么？

擅长的技能是什么？

除了这些问题之外，你觉得还有没有非常重要的问题要问呢？

试一试

2. 自动收集回复

问题设计好了，怎样才能让网友根据设计好的问题回答，并让计算机记住这些问题的答案呢？小天查了查 Python 的语法，发现 input 语句能实现让网友输入的功能。

这个变量的命名有什么规范呢？小天继续找相关资料，看到很多资料上都说，在给变量命名的时候，有一些比较常用的规则要遵守：

第一，变量名由数字、字母、下划线（_）组成，但第一个字符不能是数字；

第二，变量名中不能带\、/、&、^、*、$、?、}等特殊字符与标点；

第三，变量名不能是 Python 的关键字，如 print，但可以包含关键字；

第四，变量名区分大小写，同一个字母的大写和小写视为不同的变量名。

知识锦囊

变量 = input（'提示信息可加可不加'）

将输入的值传给变量，然后存起来

试一试

为了保存网友提供的各种信息，现在要将它们保存在不同的变量里，请选出正确的变量名（打√）：

name	-hername	_hesname
Age	age+1	age?
gender	gen%der	interest
5interest	Skill	skill!

了解了这么多，小天二话不说，赶紧开始写起了程序。第一个问题是问名字，那就用名字的英文单词“name”来命名好了。

```
print('你好，我是小天，为了更加有效地进行沟通，请你先回答下面几个问题：')
print('你叫什么名字呀？')
name = input()
```

运行之后，发现第三行有个闪烁的光标，在等待网友的输入。能不能将问题和 input 语句放到一起呢？小天改进了一下代码。

```
print('你好，我是小天，为了更加有效地进行沟通，请你先回答下面几个问题：')
name =input('你叫什么名字呀？')
```

再次运行之后，光标闪烁的地方在问题的后面。小天对尝试的结果比较满意，准备开始把所有问题都写一遍。

```
print('你好，我是小天，为了更加有效地进行沟通，请你先回答下面几个问题：')
name =input('你叫什么名字呀？')
age = input('现在的年龄是多少岁？')
gender = input('你的性别是什么？')
hobby = input('你的爱好是什么？')
skill = input('擅长的技能是什么？')
```

信息已经收集了，接下来需要将这些信息整合一下，然后打印出来。

```
print('小伙伴的名字是', name, '年龄', age, '性别：', gender)
print(name+'的爱好是'+hobby)
print(name+'擅长的技能是'+skill)
```

3. 编程小测试

如果要进一步收集网友的信息，并将每一位网友的信息全都记录下来，仅仅依靠上面的程序可不行。小天想了想，打算修改程序，用 name1、age1、gender1、interest1、skill1 这些变量记录第一个网友的信息，用 name2、age2、gender2、interest2、skill2 这些变量记录第二个网友的信息……

你能帮小天编写一个程序，记录下所有网友留下的信息吗？

```
小伙伴的名字是什么？小舞
小伙伴的年龄是多少岁？13
小伙伴的性别是什么？女
小伙伴的爱好是什么？篮球、游泳、美食
擅长的技能是什么？数学
小伙伴的名字是：小舞13岁，是女生。
小舞的爱好是篮球、游泳、美食。小舞擅长数学
小伙伴的名字是什么？小武
小伙伴的年龄是多少岁？12
小伙伴的性别是什么？男
小伙伴的爱好是什么？足球、篮球、阅读
擅长的技能是什么？编程
小伙伴的名字是：小武12岁，是男生。
小武的爱好是足球、篮球、阅读。小武擅长编程
```

三、选你就对啦

小天在发出召集令后迎来了一大批人的报名！完全出乎小天的预料！接下来就需要从所有的报名人选中筛选出合适的队员。怎么才能通过收集的信息判断是否需要这个队员呢？小天打算通过编程来让计算机自动判断。

1. 选择怎样的队员

队员该怎样选择呢？

首先，要确定需要什么类型的队员。

✧ 喜欢探险的？

✧ 具有丰富的地理知识的？

✧ 运动能力强的？

你能尝试将队员选择的要求写出来吗？

试一试

2. 实现队员选择

如果一条条地手动筛选那可就太慢了，小天决定写个程序来筛选出符合条件的队员。当网友满足自己设置的条件时，就自动通过筛选。思路清楚了，那怎么写程序呢？

知识锦囊

```
if ××××:    #条件
    #做点什么
    print(××××)
else:
    #做点其他的
    print(××××)
```

条件满足的时候

条件不满足的时候

在写 if 语句后面的条件时，经常要用到一些运算符，见表 3。

表 3　编程中的运算符

	运算符	含义	示例
关系运算符	>	大于	2 > 1　条件满足
	<	小于	1 < 5　条件满足
	>=	大于等于	4 >= 3　条件满足
	<=	小于等于	1 <= 2　条件满足
	==	等于	3 == 3　条件满足 'a' == 'a'　条件满足

续表

	运算符	含义	示例
逻辑运算符	and	与	1>5 and 1<2 条件满足
	or	或	1>5 or 1<2 条件满足
	not	非	not 1>5 条件满足

试一试

如果想选择喜欢探险的队员，在提问网友信息的时候就会提问“你喜欢探险吗？”然后把网友的回复放到变量______中。如果网友的答案是“是”，那么就告诉网友“欢迎你”。请尝试一下补全下面的代码吧！

```
a = input('你喜欢探险吗')
if ____________:
   print('欢迎你')
```

运行之后，发现当条件不满足的时候，程序什么反应也没有！那就再完善一下，当条件不满足的时候，告诉网友“谢谢关注”吧！

```
a = input('你喜欢探险吗')
if ____________:
   print('欢迎你')
else:   #条件不满足就执行以下语句
   ____________
```

小队成员除了要喜欢探险外，还需要一位地理知识丰富的队员，以便快速、准确地读懂藏宝图，所以需要一位方向感很好的队员。这又该怎么办呢？

小天继续查找资料，发现使用 elif 子判断语句可以实现多条件判断的功能。

知识锦囊

```
if ××××:      #条件1
    #做事情1
    print(××××)

elif ××××:  #条件2
    #做事情2
    print(××××)
elif ××××:  #条件3
    #做事情3
    print(××××)
else:
    #做点其他的
    print(××××)
```

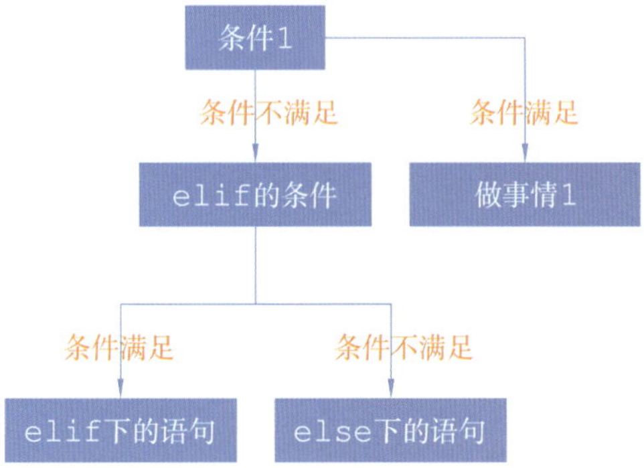

看到这里，小天迫不及待地开始编写程序，寻找满足条件的队员。

```
a = input('你喜欢探险吗')
b = input('你喜欢地理吗')
if  a == '是':
   print('欢迎你')
elif  b == '是':
   print('欢迎你')
else:   #条件都不满足就执行以下语句
   print('谢谢关注')
```

几番运行程序，小天发现使用 elif 子语句，如果一个条件成立，那么就执行对应的语句块，然后整个语句结束；如果条件不成立，那就继续判断下一个条件。

通过上面的程序，虽然可以判断某一个人的信息是否满足队员的要求，但小天还是觉得一个一个重复地进行判断，工作量太大，太累了。有什么办法能够减轻这些重复的工作呢？小天翻了翻 Python 宝典，发现书中提到的 while 语句能够帮助他解决这个问题。

知识锦囊

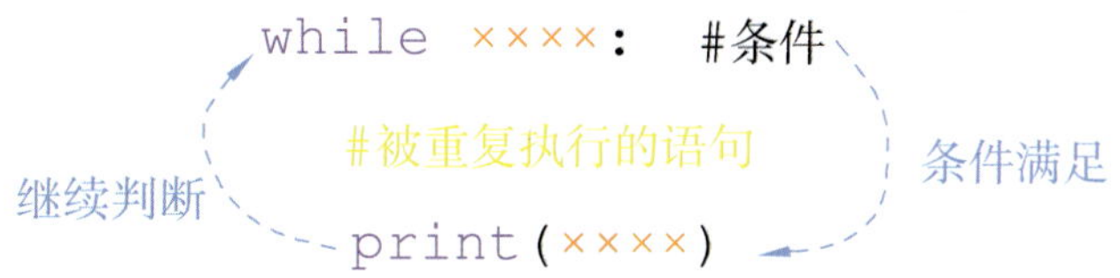

下面，小天决定用 while 语句编写程序，帮助他快速找到更多符合条件的队员。

```
flag = input('是否看完所有网友的信息？请输入yes或no：')
while flag == 'yes':
    a = input('你喜欢探险吗')
    b = input('你喜欢地理吗')
    if  a == '是':
        print('欢迎你')
    elif  b == '是':
        print('欢迎你')
    else:
        print('谢谢关注')
    flag = input('是否看完所有网友的信息?请输入yes或no：')
```

哇！while 语句真的是太方便了，当小天看完某一位网友的信息，只要输入“yes”便能一直重复执行缩进的代码，查看每一位网友的信息，直到小天看完所有网友的信息以后输入“no”，整个程序才结束运行。

3. 你学到了什么

（1）if 语句

if 用来判断条件是否满足，如果条件满足，则执行该条件下的语句；如果条件不满足，则不执行该条件下的语句。格式和运行流程如下：

```
if 条件表达式:
    执行语句
```

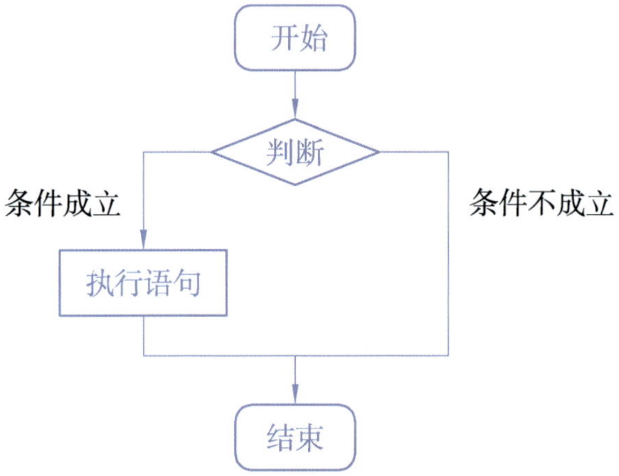

（2）if-else 语句

要判断两种情况，将 if 条件成立的情况归为一类，条件不成立的情况用 else 语句来实现。格式和运行流程如下：

```
if 条件表达式:
    执行语句 1
else:
    执行语句 2
```

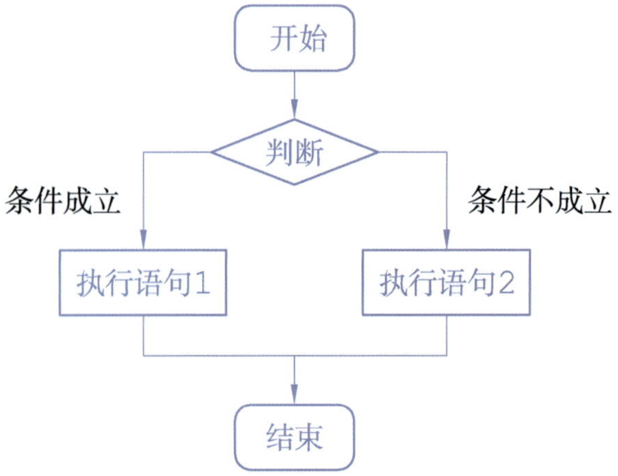

（3）elif 子判断语句

要判断的条件超过两种，用“elif 子判断语句”来实现。从上往下依次对各个条件进行判断，如果一个条件成立，则执行对应的语句块，然后整个分支语句结束；如果条件不成立，则继续判断下一个条件。格式和运行过程如下：

```
if 条件表达式 1:
    执行语句 1
elif 条件表达式 2:
    执行语句 2
……
else:
    执行语句
```

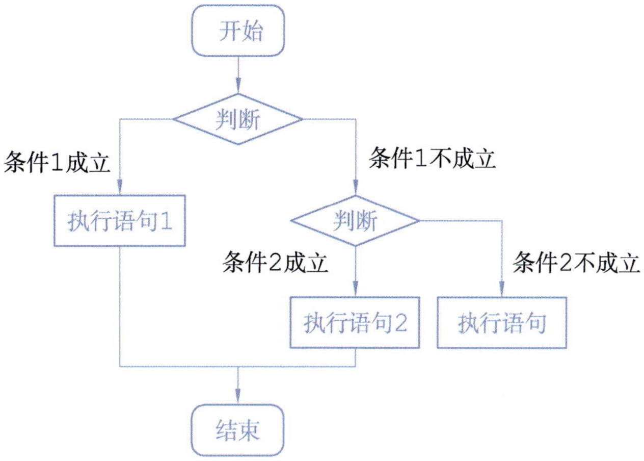

（4）while 语句

满足某个条件就一直重复执行某些代码，需要使用 while 语句，即在满足条件下，循环执行某段程序，以处理需要重复执行的相同任务。格式和运行过程如下：

```
while 条件表达式:
    执行语句块
```

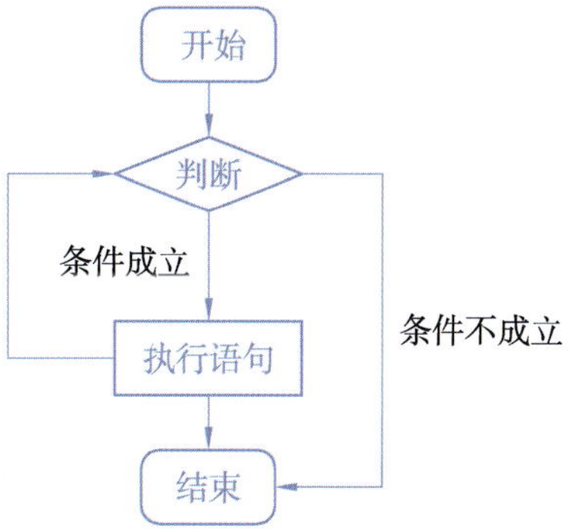

四、我们的队徽

通过多次的线上交流，小天终于选出了寻宝的小伙伴。为了打造团魂，他们决定给小队取个名字。

通过所有人的苦思冥想和激烈讨论，终于确定了小队的名字—— ____________________。

细心的成员提议给小队设计一个队徽，他们在以下两个图案之间难以取舍。小天看了之后提议到，要不设计一个程序让所有队友匿名投票来选择？

1. 设计投票程序

投票程序该怎么写呢？小天又遇到了困难。先梳理一下整个投票的过程吧。

首先，需要向小伙伴展示两个队徽。

然后，该怎么投票呢？

小天决定用“1”代表第一个队徽，用“2”代表第二个队徽，让队员在“1”和“2”之间进行选择并投票。

可是，用什么东西来记录选择“1”“2”的数量呢？

怎样才能确定最后选择的队徽是哪一个呢？

最后，还要把选择出来的结果告诉小伙伴。

你能根据上面的描述，想办法帮助小天理清投票规则和编程思路吗？试着将它写下来吧！

试一试

2. 实现投票程序

小天决定立即开始实施投票，让小伙伴选择队徽，并使用两个变量来分别记录选择队徽一、队徽二的数量。

知识锦囊

变量的赋值变化

```
a=10      #第一次赋值，a 的值为 10
a=20      #第二次赋值，a 的值为 20，变化之前为 10
a=a+30    #第三次赋值，a 的值为 50，变化之前为 20
```

试一试

小天决定用“1”代表第一个队徽，用“2”代表第二个队徽，让队员在“1”和“2”之间进行选择并投票。

队员们做出选择时，需要通过键盘输入对应的“1”或“2”，这个步骤，需要借助__________函数来实现；同时，因为输入的这个数后面会用到，所以要把它存储到变量__________中。请你尝试一下补全下面的程序代码吧！

运行结果：

```
你更喜欢哪一个队徽呢？
请输入你的选择（1或2）
1
```

程序代码：

在队员投票的过程中，需要两个变量分别记录选择了“1”和“2”的队员数量，你打算用变量一__________记录选择“1”的队员数量，用变量二__________记录选择“2”的队员数量。在投票开始之前变量一、变量二的初始值都应为__________。

若队员输入“1”，则变量一的值就增加 1；若队员输入“2”，则变量二的值就增加 1。要实现变量的自增的程序代码是__________。

经过冥思苦想和不断实践，小天终于快要实现一个队员选择队徽的程序啦！请你帮助小天完善一下代码吧！

```
a = ________      #定义变量 a 记录选择队徽一的队员数量
b = ________      #定义变量 b 记录选择队徽二的队员数量
choice = input('请输入你的选择')
if choice == '1':
    ____________      #队员选择队徽一
elif choice == '2':
    b += 1          #队员选择队徽二
```

细细想来，每一位小伙伴都要投票，小天觉得把小伙伴投票和计数的代码重复写几遍就可以了，但这样子，会有好多好多重复的代码，写起来非常累，有没有什么办法将程序优化一下呢？

寻宝小分队齐心协力，在网上查阅了大量关于 Python 的资料，终于找到了一个完美的解决办法——for 循环语句。

知识锦囊

每次从范围里取一个值，直到取完为止

```
for 变量 in 一个范围:
    #被重复执行的语句
    print(××××)
```

小天准备从最简单的任务开始重新编写代码，他从队伍中选择了 4 名队员，让他们依次输入自己的选择。

```
for i in range(4):      #准备循环，共循环 4 次
    a=input('请输入你的选择')
```

小天运行程序后发现，使用 for 循环，下面缩进的 input()语句能够重复执行 4 次。

由此推测，只要把 4 个小伙伴选择队徽和判断计数的代码放到 for 语句

里面就可以让 4 个队员依次完成投票与计数啦！

```
a = 0      #定义变量 a 记录选择队徽一的队员数量
b = 0      #定义变量 b 记录选择队徽二的队员数量
for i in range(4):
    choice = input('请输入你的选择')
    if choice == '1':
        a += 1               #队员选择队徽一
    elif choice == '2':
        b += 1               #队员选择队徽二
print(a,b)                   #输出选择队徽一、二的数量
```

果不其然，小分队为自己编写的程序感到非常满意。他们打算立马修改程序让所有的队员都参与投票。

3. 你学到了什么

使用 for 循环语句可以让代码重复执行，其格式如下：

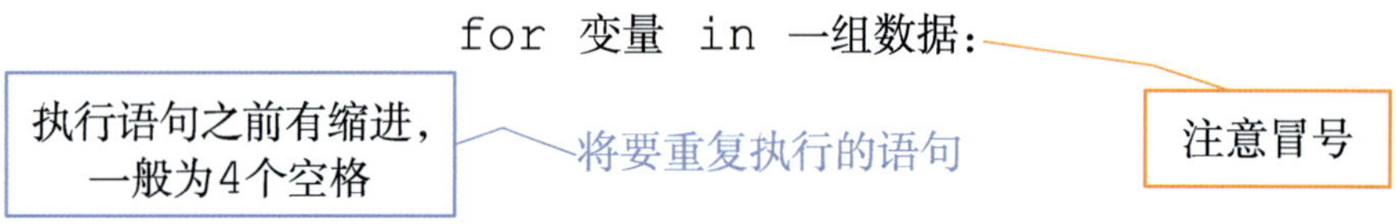

其中，“变量”可任意命名，“一组数据”的个数根据需要设置。“in”是关键字，其作用是让“变量”逐个取代“一组数据”中的每个数，每取代一次，“将要重复执行的语句”就会被执行一次。在下图示例程序中，“将要重复执行的语句”会执行 4 次。

4. 编程小测试

小伙伴们选择完了还要比较一下队徽一和队徽二的投票数哟，数量多的那一个就是小队的队徽啦，可不要忘了告诉小伙伴哦！

请你参照下面的运行结果，试试帮助小天把程序写出来吧！

```
你更喜欢哪一个队徽呢？请输入你的选择（1或2）
1
你更喜欢哪一个队徽呢？请输入你的选择（1或2）
2
你更喜欢哪一个队徽呢？请输入你的选择（1或2）
1
你更喜欢哪一个队徽呢？请输入你的选择（1或2）
2
你更喜欢哪一个队徽呢？请输入你的选择（1或2）
1
我们一起选择出的队徽是：队徽一！
```

第二部分

一张神秘的藏宝图

——登上星之岛

与小天一行寻宝的小伙伴们已经召集完毕，面对朦朦胧胧的海面，寻宝小分队想要顺利登上星之岛，他们还得选择最优登岛路线，打造设计一艘乘风破浪的船。同时还要对驾船人员量身定制一套人脸识别系统，防止非小分队的成员偷偷将船开走。

一、一起出发吧

朦胧的海面，小分队的计划受到了不少影响，前行的脚步受到了阻碍，眼看离成功只有一步之遥，该如何到达对岸的星之岛呢？有人提出了一个好建议——请海龟帮帮忙。

1. 请求帮助

在 Python 中使用 turtle 模块，需要先引入此模块，召唤海龟登场，根据需要可以设置画布的长、宽与背景颜色等属性，默认情况下画布大小为 860×600，画布颜色为白色。具体语句为：

```
import turtle                          #导入海龟模块
turtle.screensize(300,300,"white")     #设置画布长、宽和背景颜色
t=turtle.Turtle( )                     #定义一只名叫 t 的海龟作为对象
```

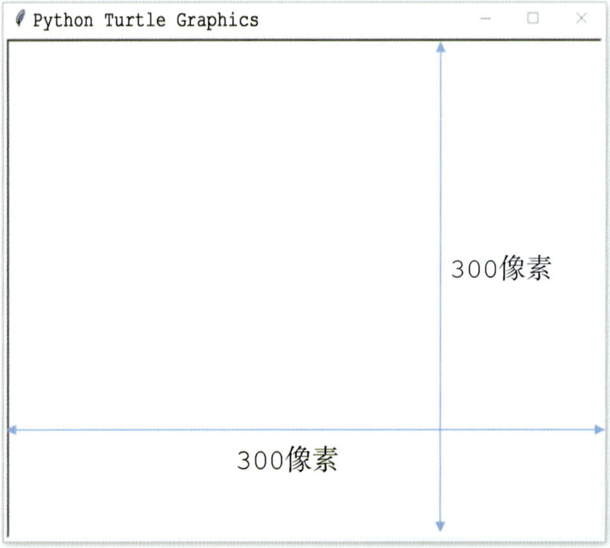

2. 神笔马良

有了海龟 t 帮忙一探究竟，小分队成员惊喜不已。把海龟当成画笔，我们还可以设置其属性，画笔主要有两个属性：颜色和粗细，画笔颜色属性通过 pencolor( )方法来设置，画笔粗细属性通过 pensize( )方法来设置，让海龟产生的某一个动作称为画笔的一个“方法”。

```
import turtle           #导入海龟模块
t=turtle.Turtle( )      #定义一只名叫 t 的海龟作为对象
t.pencolor('blue')      #设置画笔颜色为蓝色
t.pensize(6)            #设置画笔大小为 6 像素
```

知识锦囊

为了将代码写得简单，import 语句可以使用关键字 as 对 turtle 模块进行重命名，如 import turtle as t。我们还可以使用 from 关键字将 turtle 模块中的所有属性与方法全部引入，后续代码中就可以不再写 turtle 模块的名称，如 from turtle import *。

turtle 模块中画笔默认颜色为黑色，通过 pencolor 属性可以将画笔设置为不同的颜色，如 red、orange、yellow、green、blue、purple、black、white 等。

试一试

小分队通过测量藏宝图上到达星之岛的不同路线，发现它们的范围均在长 600、宽 400 之间，为了通过这片蓝色海域，小分队请海龟作为登岛的引路人，跟随海龟前行。由于海龟行走留下的痕迹不明显，小分队无法仔细辨别，小分队想改变海龟行走路线的颜色和大小，请你帮助小分队完成：

```
import turtle
____________________ #长 600，宽 400，背景颜色为蓝色
t = turtle.Turtle()
____________________ #画笔颜色为红色
____________________ #画笔大小为 10 像素
```

3. 你学到了什么

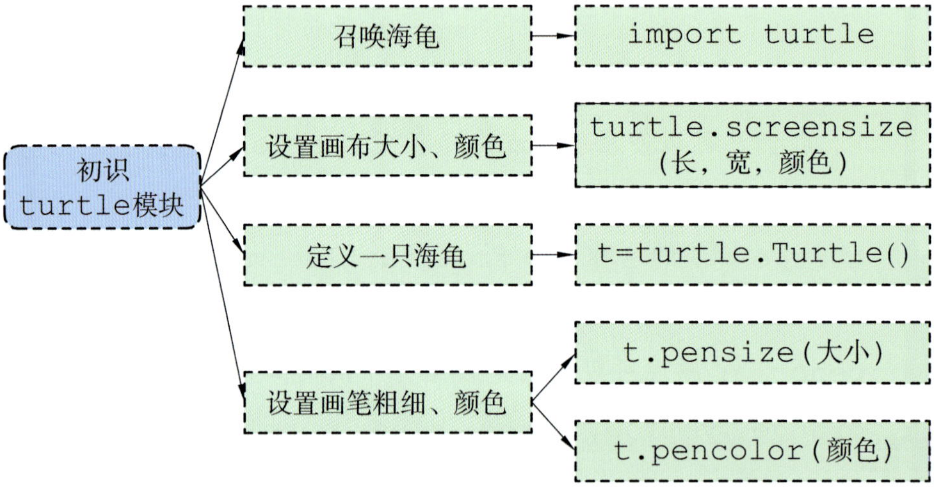

4. 编程小测试

面对藏宝图上几条不同的路线，你觉得小分队在登岛过程中该考虑哪些因素，并说说你的理由。

____

____

____

____

____

二、最优登岛路线

藏宝图上一共绘制了五条不同的路线，该如何选择让小分队犯了难。小分队成员争论不已，有的成员坚持选择海域风浪很大的简单路线，有的成员倾向于海域风平浪静的复杂路线。几经斟酌，小分队最终决定，一条一条路线行走，分别去尝试，从风浪最大的简单路线开始，试试能否以最快的速度登上星之岛。

1. 向前出发

小分队成员决定让海龟带路先尝试第一条海域风浪最大的简单路线，希望能够尽早顺利登岛，平面路线图如下：

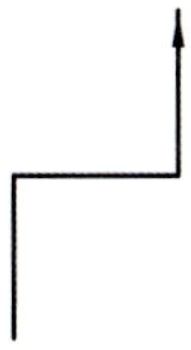

(0,0)

在前进的过程中，需要用到 forward( )命令，它是让海龟前进的方法，使用 forward( )方法时，需要在 forward 的括号里设置前进的步数。具体说明如下：

forward(m)：前进 m 步，即前进 m 像素。

```
import turtle
t = turtle.Turtle()
t.forward(100)  #前进 100 步
```

小分队成员发现该路线前进一段距离之后需要转弯，该如何转弯呢？原来 left( )、right( )方法可以帮大忙。left( )是让海龟左转的方法，使用 left( )方法需要在 left 的括号里设置左转的角度；right( )是让海龟右转的方法，使用 right( )方法同样需要在 right 的括号里设置右转的角度。

具体说明：

left(x)：左转 x 度

right(y)：右转 y 度

试一试

小分队成员决定召唤海龟作为引路人，大胆前进，尝试登岛，请你帮帮他们：

```
import turtle
t = turtle.Turtle()
____________________ #左转 90 度
____________________ #前进 50 步
____________________ #右转 90 度
____________________ #前进 50 步
____________________ #左转 90 度
____________________ #前进 50 步
.....
```

2. 原路返回

前行的道路总是变化莫测，由于前方风浪过大，小分队无法继续前行，经过商议小分队决定原路返回后再尝试下一条登岛路线。返回时需要用到 backward( )命令，它是让海龟后退的方法，使用 backward( )命令时，同样需要在 backward 的括号里设置后退的步数，具体说明如下：

backward(n)：后退 n 步，即后退 n 像素。

例：

```
import turtle
t=turtle.Turtle( )
t.backward(50) #后退 50 步
```

绘制的结果

知识锦囊

海龟一露出水面头自动朝右，海龟前进 100 步即海龟朝右行进 100 步，后退 50 步之后海龟朝右的方向依旧不变。

试一试

请你帮帮他们安全返回原点：

```
import turtle
t = turtle.Turtle()
____________________ #后退 50 步
____________________ #右转 90 度
____________________ #后退 50 步
____________________ #左转 90 度
……
```

3. 重新出发

总算有惊无险地回到了原点，接下来小分队又分别尝试了三条登岛路线，始终没有成功，仅剩最后一条风平浪静的复杂路线，平面路线图如下：

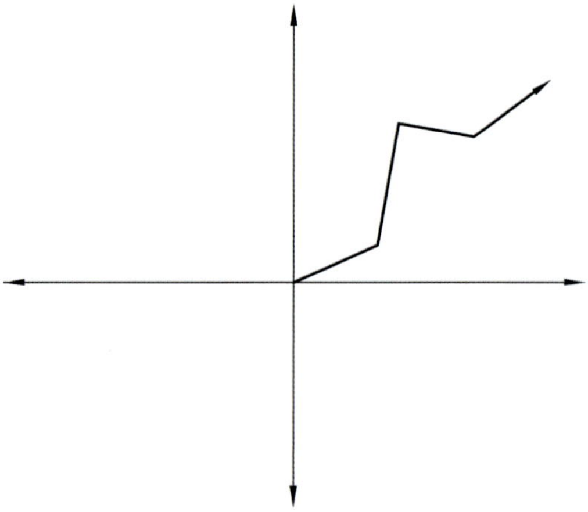

在尝试登岛的过程中，小分队在观察路线时发现让海龟左转右转计算角度值有时较麻烦，于是他们准备采用另外一种方法，设置海龟朝向，

根据海龟朝向按照路线前进，Python 语言中 setheading( )是设置海龟朝向的命令，具体方向和角度如下：

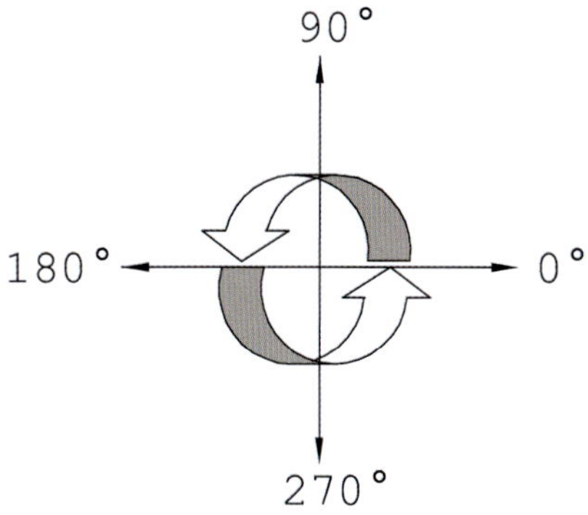

逆时针

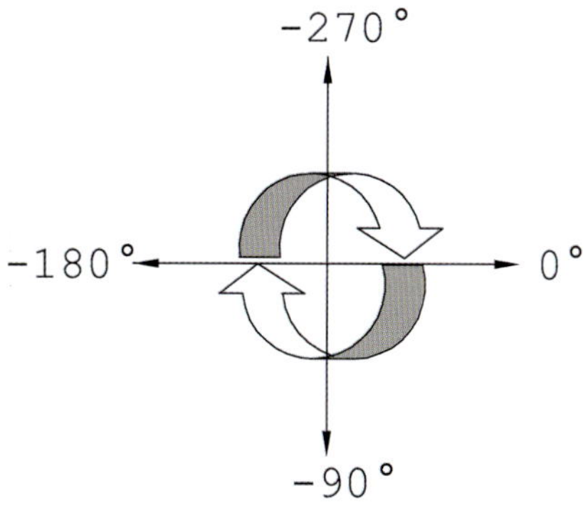

顺时针

对于顺时针和逆时针不同的方向，海龟朝向的角度值正负是不相同的。

例 1：
```
import turtle
t=turtle.Turtle()
t.setheading(0)       #海龟朝右
```

例 2：
```
import turtle
t=turtle.Turtle()
t.setheading(90)      #海龟朝上
```

例 3：
```
import turtle
t=turtle.Turtle()
t.setheading(-180)    #海龟朝左
```

试一试

请你根据路线图大胆前进吧！

```
import turtle
t = turtle.Turtle()
____________________  #海龟头朝向20度
____________________  #前进60步
____________________  #海龟头朝向80度
____________________  #前进80步
____________________  #海龟头朝向-10度
____________________  #前进50步
____________________  #海龟头朝向35度
____________________  #前进60步

……
```

小分队经过多次探索与实践，发现最后的这条路线终于可以安全到达小岛，所有的尝试与经历都很值得，他们非常开心！

知识锦囊

命令的简写：forward( )→fd( )

backward( )→bk( )

left( )→lt( )

right( )→rt( )

setheading( )→seth( )

4. 你学到了什么

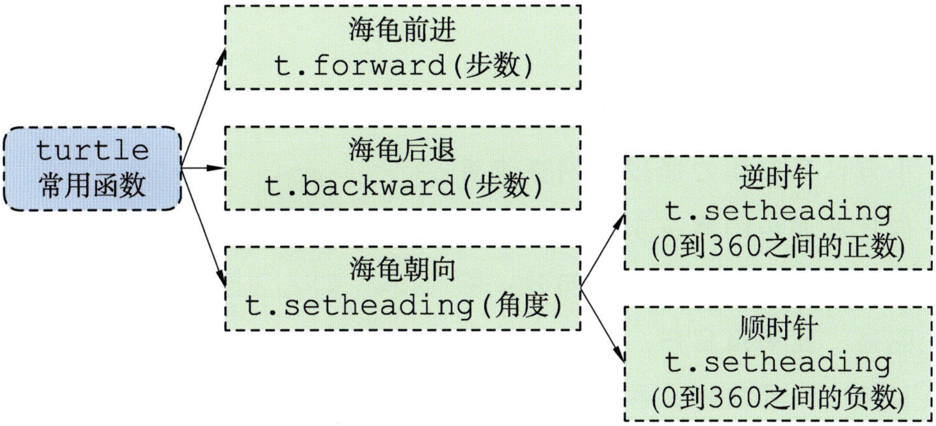

5. 编程小测试

小分队队长小天发现，第一条路线可以使用之前学过的循环语句进行代码简化，小天想请你帮他完成这项挑战：

```
import turtle
t = turtle.Turtle()
________________________________________
________________________________________
________________________________________
```

三、一条乘风破浪的船

寻宝小分队经过深思熟虑后，终于确定了登岛路线，但是要想去往海对面的星之岛，还需要准备好方便乘坐的代步工具。于是，小分队成员不约而同地首先想到了船。于是寻宝小分队开始分工合作着手设计和建造一艘乘风破浪的船。

1. 设计船只

一艘乘风破浪的船应该如何设计呢？小分队齐心协力通过上网查询资料并向住在海边的朋友求助，最终了解到可以将船大致分为 4 个部分：船体、船舵、座舱及窗户。他们打算在船头再插上一面旗帜，并为船只染上喜欢的颜色。

寻宝小分队的船只设计已经有了初步的设想，要怎么规划设计才能让船变得既美观又能代步登岛呢？请你帮帮他们完成草图吧！

试一试

2. 建造船只

船只的大致轮廓已经简单画出来了。为了让船只的设计更精确、更科学合理，小分队决定召唤海龟利用绘图工具来完善设计及实现建造。

小分队在选择最优路线时已经掌握了如何前进（后退）给定步数，以及左转（右转）给定角度。但是，在画图过程中，如果遇到拐弯的情况，每次都需要计算好角度。所以小分队为了节省时间和精力，决定使用坐标来实现从一个坐标位置直接到达另一个坐标位置。

知识锦囊

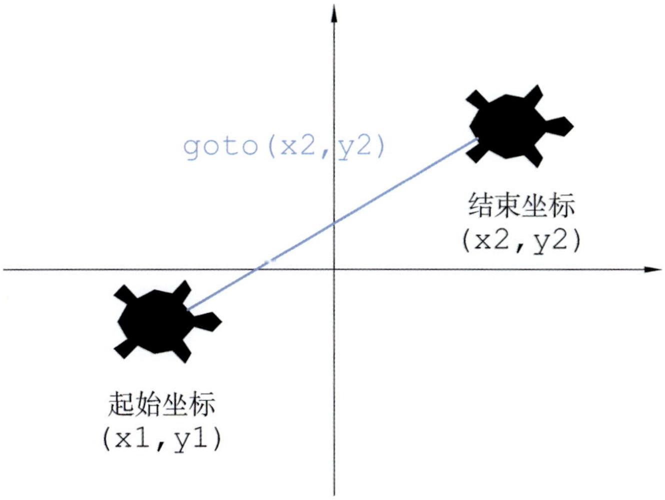

goto方法能让我们不用计算角度和长度，就能实现瞬间移动，特别方便

goto(x坐标，y坐标)

下面，小分队准备将船舱部分用 goto 语句实现从已知的坐标 1(-175，-52）到达坐标 2（220，-65），这该怎么实现呢？

```
import turtle
t = turtle.Turtle()
t.up()
t.goto(-175,-52)   #坐标点 1
t.down()
t.goto(220,-65)    #坐标点 2
```

运行代码后，得到了如下的结果：

小分队又思考，为了完善船只的设计，还有一个困难急需解决：船舱的弧形设计。

知识锦囊

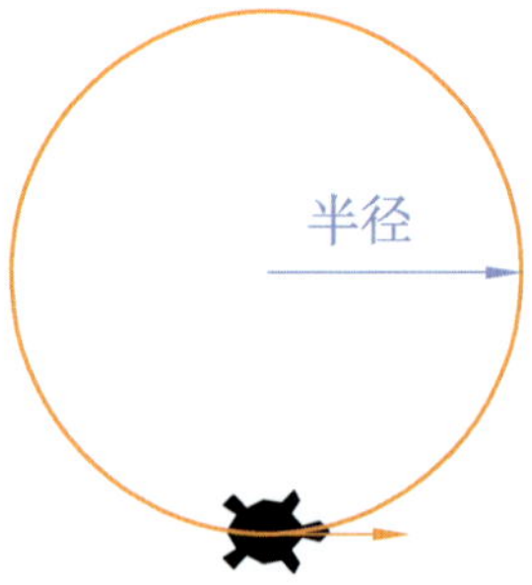

circle(半径大小,弧度)

备注：弧度如果不写，默认为360°

接下来，小分队准备将座舱的弧形设计用 circle(半径[, 弧度])语句绘制出来，是怎么实现的呢？

```
import turtle
t = turtle.Turtle()
t.setheading(90)  #设置海龟朝向为向上
t.circle(-70, 90)     #在海龟前进方向的右侧顺时针绘制一个半径为 70，弧度为 90°的圆弧
t.forward(75)
t.circle(-70,90) #绘制另一侧的圆弧
t.goto(0,0)       #回到原点，形成封闭图形
```

运行代码后，图形输出区得到了如下的结果：

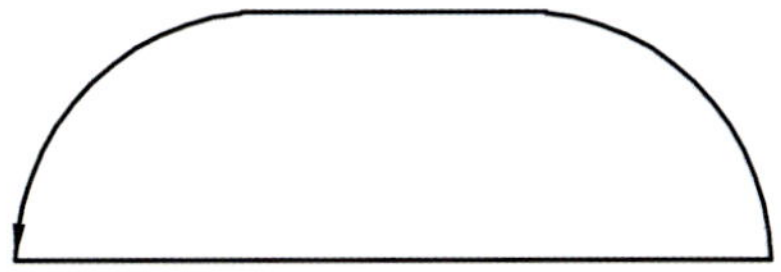

试一试

你能综合应用小分队已掌握的 Python 代码知识，绘制如下船只的轮廓设计图形吗？

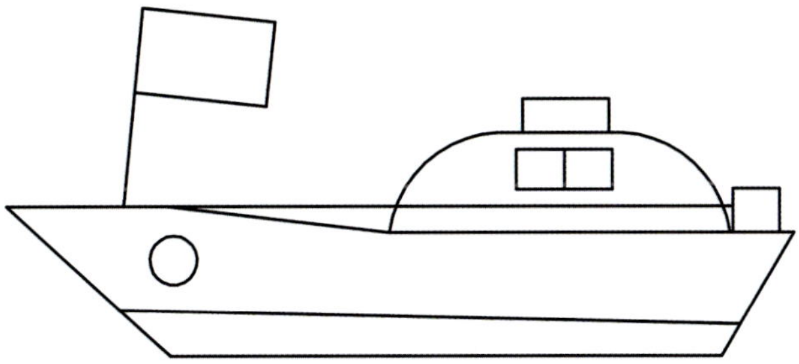

3. 美化船只

小分队一边看着已设计好的船只轮廓，一边沉思，好像船只现在还

缺少了点颜色。那要如何为船只的不同部位分别染上自己喜欢的颜色呢？

知识锦囊

开始填充：begin_fill()

结束填充：end_fill()

设置填充颜色：fillcolor()

设置画笔颜色：pencolor()

接下来，小分队准备用 fillcolor()语句为已设计好的旗帜轮廓增色添彩，是怎么实现的呢？

```
import turtle
t = turtle.Turtle()
t.setheading(85)
t.forward(80)
t.begin_fill()          #开始填充
t.fillcolor("red")      #填充颜色设置为红色
for i in range(2):      #画封闭图形——长方形旗帜
    t.forward(60)
    t.right(90)
    t.forward(85)
    t.right(90)
t.end_fill()            #结束填充
```

运行代码后，得到了如下的结果：

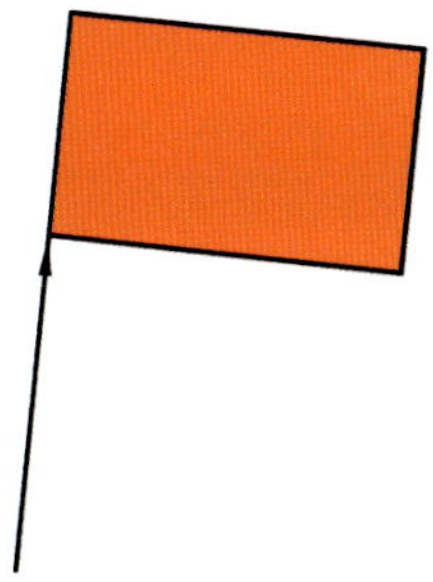

小分队在想，如果通过 color()语句同时设置画笔颜色和填充颜色会怎么样，于是他们又写了如下代码。

```
import turtle
t = turtle.Turtle()
t.pensize(4)
t.color("red","yellow")
t.begin_fill()
t.circle(50)
t.end_fill()
```

运行程序后，程序分别将 color()语句中的第一个参数和第二个参数认定为画笔颜色和填充颜色，好厉害！

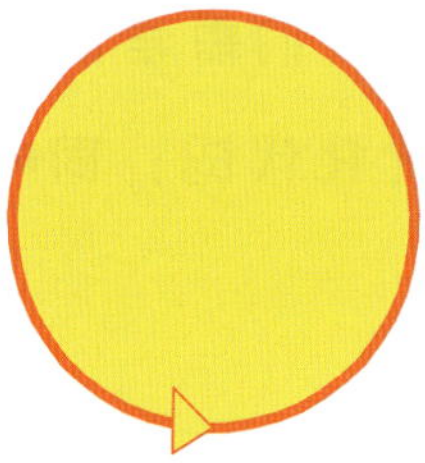

既然如此神奇，小分队又尝试将 color()语句中只填一个颜色参数，结果画笔颜色和填充颜色都被认定为该颜色了。这样不仅有趣而且还优化了代码。

试一试

你能模仿刚才小分队填充颜色的代码，实现如下船只的建造吗？

4. 你学到了什么

要想绘制出一艘乘风破浪的船，首先可以将它拆分处理成几个部分。随后，寻宝小分队使用 Python 知识中的 turtle 模块来进行分别实现。首先，绘制船体和船舷，我们需要考虑__________；绘制座舱，我们需要使用__________；绘制红旗，我们需要使用____________；绘制窗户，我们可以使用__________来优化代码；同时，还要为船只的不同部分分别填充漂亮的颜色。

5. 编程小测试

相信聪明的你还可以进一步完善设计的船只，或者自己重新独立设计创作新的船只并实现建造，然后乘风破浪继续探索寻宝之路吧！

四、我们的开船密码

寻宝小分队的队员们团结协作，成功建造出一艘乘风破浪的小船。为了防止小船在寻宝过程中被陌生人偷偷开走，小分队打算为小船设置人脸识别系统，只有小分队的成员才能驾驶小船。让我们一起来帮助小分队完成这个人脸识别系统吧。

人脸识别是基于人的面部特征进行身份识别的一种生物识别技术，广泛应用在公共安全、电子商务、社交网络等领域，比如学校门口的人脸识别闸机通道、拍照时手机画面自动识别定位出人脸、车站的刷脸身份验证等。

1. 定位人脸

设计小船人脸识别系统中非常关键且重要的第一步是如何准确地定

位小分队成员的人脸，定位的精确度直接影响着后续识别的准确度。

小分队成员人脸的定位需要读入人脸图片后借助 OpenCV 模块中的“haarcascade_frontalface_default.xml”人脸分类器文件，其中包含有大量的眼睛、鼻子、嘴、眉毛等特征。OpenCV 模块的使用与 turtle 模块类似，可用于人脸识别、机器视觉、图像处理等，它是一个开源且可以跨平台运行的计算机视觉库。

使用 OpenCV 模块定位人脸的过程如下：

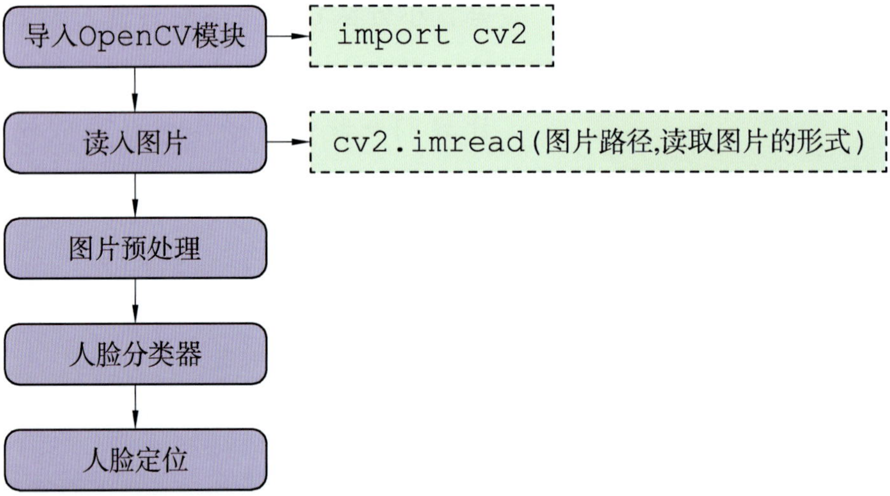

知识锦囊

imread()函数读取图片的形式有 3 种：

①1：加载彩色图片，忽略 alpha 通道。默认参数，可省略不写。

②0：以灰度模式加载图片。

③-1：读入完整图片，包括 alpha 通道。

alpha 通道是一个 8 位的灰度通道，该通道用 256 级灰度来记录图像中的透明度信息，定义透明、不透明和半透明区域，其中黑表示全透明，白表示不透明，灰表示半透明。

2. 认识成员

系统定位小分队成员的人脸以后，在其基础之上，可以用一系列分好类的成员样本图像来“训练”程序，再基于这些图像进行识别。

知识锦囊

我们需要将训练的成员样本图像加载到人脸识别算法中，所有人脸识别算法里的 train() 函数都有 2 个参数：训练样本图像数组和标签数组。标签数组的作用在于将人脸图片进行分类，同一人的人脸图片设置相同的标签，不同人的人脸图片设置不同的标签。

下面，小分队准备使用不同的照片作为样本图片进行机器训练。程序是怎么实现的呢？

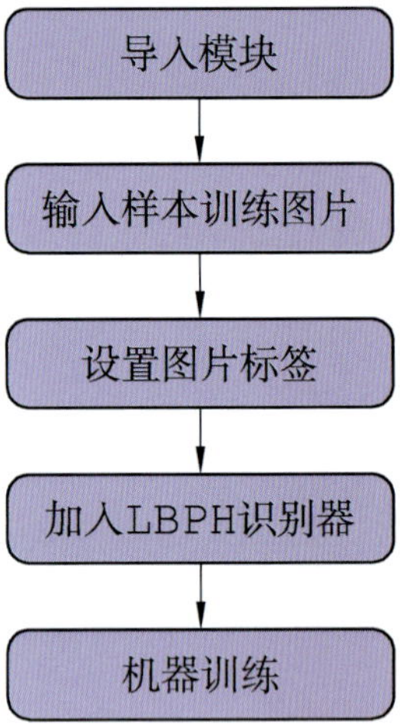


```
import cv2
import numpy
images =[]
images.append(cv2.imread('img01.jpg',0))
images.append(cv2.imread('img02.jpg',0))
#新增2张另一人的训练图
images.append(cv2.imread('img_12.jpg',0))
images.append(cv2.imread('ime_13.jpg',0))
#为不同人的人脸图片设置不同标签
labels =[0,0,1,1]
recognizer=cv2.face.LBPHFaceRecognizer_create()
recognizer.train(images, numpy.array(labels))
```

img01.jpg

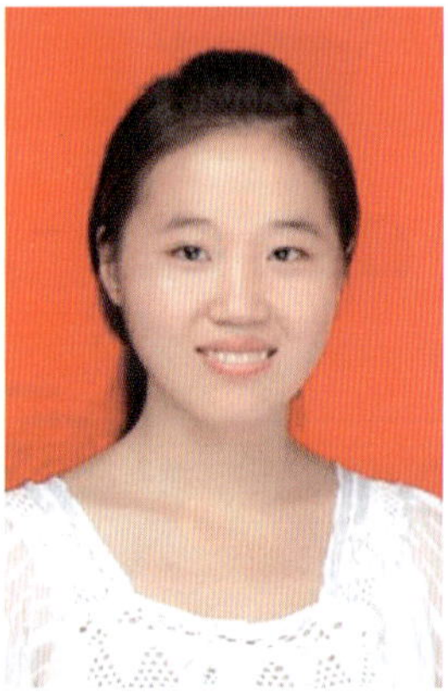
img02.jpg

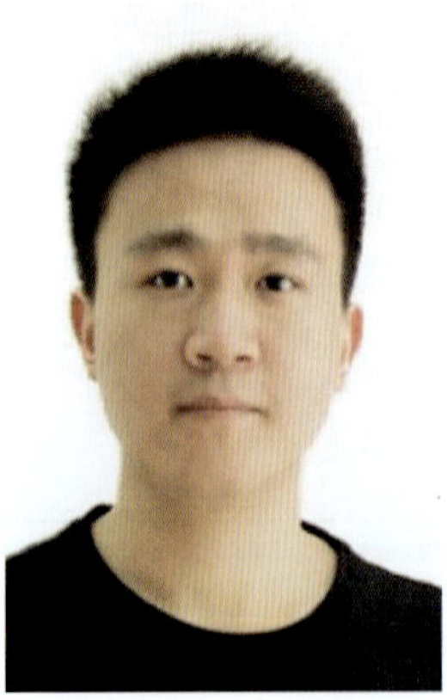
img_12.jpg

img_13.jpg

3. 辨别人员

现在我们就可以输入图片来测试人脸识别的效果，试一试它到底能不能识别成功，预测过程如下：

知识锦囊

人脸识别预测过程需要使用 LBPH 识别器中的 predict()函数，它返回所识别个体的标签值和置信度评分。根据标签值（label）可以知道被识别的人是谁；置信度评分（confidence）用来衡量所识别人脸与原模型的差距，0 表示完全匹配，置信度评分越小表示相似度越高。

测试图片

test_01.jpg

参考程序如下：

```
#输入测试图片
predict_img=cv2,imread('test_01.jpg',0)
#识别预测
label,confidence=recognizer.predict(predict_img)
print("label=",label)
print("confidence=",confidence)
```

试一试

小分队团结协作，成员间分工明确，小天被任命为船长，负责驾驶小船，但如何设置小船的人脸识别系统让小分队犯了难。

现在，假如你就是小天，请你帮助队员们收集 3 张小天的人脸照片“image01.jpg”“image02.jpg”“image03.jpg”作为训练图片，你能帮助他们完成机器训练的程序吗？

```
import cv2
import numpy
#输入训练图片
images = []
images.append(cv2.imread('image01.jpg',0))
#新增 2 张训练图
______________________________________________

______________________________________________
#设置图片标签数组
Labels = [____________________]
#机器训练
recognizer = cv2.face.LBPHFaceRecognizer_create()
recognizer.train(images,numpy.array(labels))
```

为了验证小船的人脸识别系统是否成功，请你帮助小分队采集小天新的照片“test_02.jpg”对系统进行测试，用刚刚学过的知识帮助小分队完成识别预测。

```
#识别预测
________________________________________
________________________________________
________________________________________
________________________________________
```

通过运行程序，观察结果，发现利用小天的照片进行测试是能够识别成功并行驶小船的。

你试试将另一个人的照片用作测试图片进行识别预测，结果又将是怎样的呢？

4. 你学到了什么

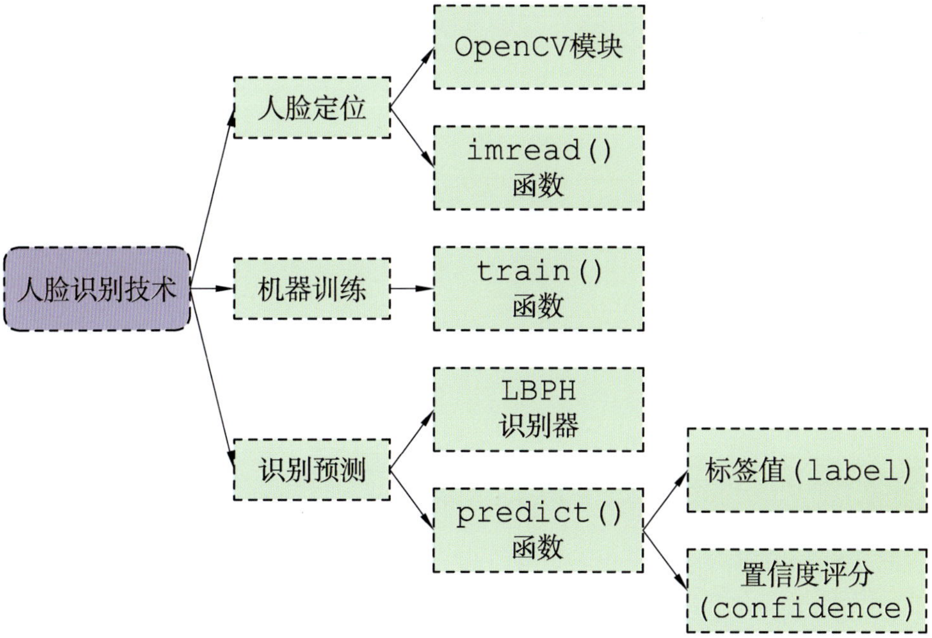

5. 编程小测试

寻宝之路遥远且坎坷，凭借小天一人驾驶小船实在太辛苦，为了帮助小天分担，小分队决定每人轮流驾驶小船，你能帮助小分队设计一个能够识别所有小分队成员的人脸识别系统，助他们一臂之力吗？

第三部分

一张神秘的藏宝图

——寻宝大作战

小天和伙伴们终于到达了星之岛，通过藏宝图的指引，他们终于找到了藏宝地，这是一座非常古老的城堡。宝贝都在哪里呢？快去找一找吧！

一、宝箱的编号

来到古老城堡前的小分队成员们小心翼翼地进入城堡，意外地发现在一间金碧辉煌的房间里，整齐地摆放着各式各样的藏宝箱。看到自己苦寻多日的宝贝尽收眼底，小伙伴们巴不得搬空箱子里的宝贝。无奈宝箱封闭得太严实了，单凭一个人的力量根本无法撼动宝箱半分，大家只得齐心协力再次合作了，但到底该开启哪些宝箱呢，小伙伴们出现了意见分歧。眼看已日上三竿，迫于登岛时间的限制，小分队只能选择开启三个宝箱。细

心的小天发现这些藏宝箱上有不同的编号，有的是数字，有的是汉字和英文字符的组合。大家寻思着由易到难的解题思路，决定在众多宝箱中先随机抽取开启一个数字编号的宝箱。

1. 随机开箱

放眼望去，编号从 1 到 10 号共 10 个数字宝箱，怎样从这 10 个宝箱中随机抽取一个呢？小伙伴们想到了 Python 中的 random()随机函数。

知识锦囊

```
import random
random.random()
```

import random：这是随机模块

random.random()：这是随机模块里的随机方法

每次运行，都会随机返回0到1之间的小数

小天按照知识锦囊的指示，编写了如下代码：

```
import random
print(random.random())
```

运行代码后，得到了如下结果：

```
0.8169582987487718
```

多次运行后，得到的同样是类似的小数。

小天又拿出另一个知识锦囊。

知识锦囊

```
import random

random.randint(整数1,整数2)
```

这是随机模块里的随机整数方法

整数1的值比整数2小哦

每次运行，都会随机返回整数1到整数2之间的整数

试一试

你能根据知识锦囊的提示，在编号为1~10的宝箱中随机抽取一个箱子吗？

```
#返回 1 到 10 之间的随机整数
```

小分队成员不禁感慨：random 随机模块真是太好用了，使用 randint 方法能随机产生一个整数，开启对应数字编号的宝箱，真是太有意思啦！

2. 善变的宝箱

在开启第一个宝箱的瞬间，其余宝箱的编号全都变成了字符串，显示出《山海经》里神灵异兽的名字，这宝箱可真是“善变”啊。

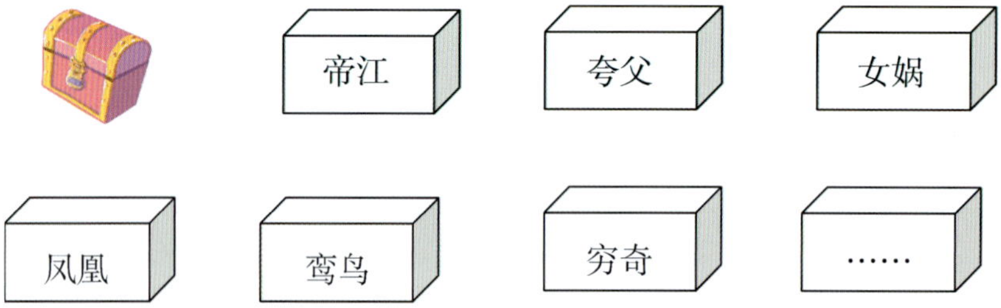

小天：看来，使用 randint 方法是没有办法完成随机抽取了。不过，random 模块可不止这一种使用方法，现在，我们试试用 choice 方法来解决问题吧！

伙伴们：好啊，我们已经迫不及待了！

接下来，小天和伙伴们将尝试使用 choice( ) 方法在宝箱中随机抽取第二个藏宝箱。

知识锦囊

random.choice(sequence)函数的用法：

注意：choice( )不能直接访问，需要导入 random 模块。

提示：参数 sequence 表示一个有序类型，列表、元组、字符串都属于 sequence。

作用：返回一个列表、元组或字符串的随机项。

小伙伴们早已迫不及待！他们尝试使用 choice()方法在宝箱中随机抽取第二个藏宝箱。使用 choice()方法时，需要先导入 random 模块。

```
import  random
value =random.choice('帝江凤凰夸父穷奇女娲鸾鸟')
print(value)
```

运行代码后，得到了如下结果：

```
鸟
```

小天又试着运行了几次代码，发现使用 choice 方法只能在字符串中随机抽取返回一个字符，并不能抽取到每个宝箱上对应的完整编号。

通过小分队成员齐心协力查阅资料，发现如果要抽取每个宝箱的编号，这些编号的写法可有一定的讲究啦！不能一股脑儿地把宝箱的编号全凑在一起弄成一个字符串。

首先，我们需要将宝箱的每个编号罗列出来，由于这些编号的类型都是字符串，所以需要加引号，并且要用逗号将这些编号分隔开，然后用中括号将所有的编号括起来，最终形成宝箱的编号序列 ['帝江', '凤凰', '夸父', '穷奇', '女娲', '鸾鸟']。

有了这些知识储备，小分队终于能够继续抽取第二个宝箱啦！

```
import  random
box_list= ['帝江', '凤凰', '夸父', '穷奇', '女娲', '鸾鸟']
value =random.choice(box_list)
print(value)
```

小天运行代码后，得到了如下结果：

```
帝江
```

小分队对抽到的第二个宝箱感到非常满意，choice 方法真是太神奇啦！

3. 你学到了什么

random 模块通常也被称为“随机模块”。表 4 中列出了 random 模块中常用的三个方法。使用这些方法时，需要先导入 random 模块。

表 4 random 模块中常用的三个方法

格式	说明
random.random()	随机生成一个 0 到 1 之间的小数，包含 0.0 不包含 1.0
random.randint(开始数，结束数)	在开始数到结束数之间，随机生成一个整数
random.choice(数据列)	随机从数据列中抽取一个数据

4. 编程小测试

小伙伴们勠力同心开箱的同时，小天的脑海里产生了一个新念头：设计一个更加优化的程序，在编号为 1～100 的宝箱中实现“开箱自由”，每次运行代码，输入想要抽取的宝箱个数 *a*，然后利用循环连续抽取 *a* 个宝箱编号。你能帮助小天提前完成这个设想吗？（提示：利用 for 循环）

二、宝箱变变变

在打开第二个宝箱后，探险队发现，每打开一个宝箱，周围就会无故多出或隐藏一些宝箱，宝箱的编号也会进行重置。

伙伴：这个地方实在是太神奇了，到处都可能隐藏着新的宝箱，也可能随时消失。现在我们需要重新整理一下宝箱的编号信息，才能有效地随机打开第三个宝箱。

1. 发现新宝箱

打开第二个宝箱后，我们发现在它旁边又多出一个编号为“鹦鹉”的藏宝箱，仿佛之前是被隐藏起来的。现在，想要把新的宝箱编号也添加到宝箱编号的列表中，你能做到吗？

```
box_list= ['帝江','凤凰','夸父','穷奇','女娲','鸾鸟']
box_list.append('鹦鹉')
```

试运行，看看添加后的结果会怎样？

```
['帝江', '凤凰', '夸父', '穷奇', '女娲', '鸾鸟', '鹦鹉']
```

小天：你看，使用 append( )的方法，就可以在原列表的末尾添加一个新的数据项。

伙伴：原来如此，太厉害了！那如果我们新发现了更多的藏宝箱，也只能这样使用 append( )的方法一个一个添加到列表吗？

小天：当然不是！你可以先把新发现的宝箱编号“装”进一个新的列表。

```
box_list= ['帝江','凤凰','夸父','穷奇','女娲','鸾鸟','鸚鹉']
new_list=['鹿蜀','蠃鱼','天狗']
```

再试着使用 extend( )的方法，把新列表的数据内容追加到原列表数据项的末尾。

```
box_list.extend(new_list)
print(box_list)
```

伙伴：运行程序后，程序把新发现的宝箱编号全都“装”进了原列表里面，太有效率了！

知识锦囊

listname.insert(index,obj)函数的用法

作用：在列表的索引位置插入一个新的数据。

listname：表示列表名称。

index：索引位置（从 0 开始计）。

obj：要新增的数据项。

要把新的编号添加到列表指定的位置，我们可以这么做：

```
box_list= ['帝江','凤凰','夸父','穷奇','女娲','鸾鸟']
box_list.insert(3,'鹦鹉')
```

运行代码后，文本输出区得到了如下的结果：

```
['帝江', '凤凰', '夸父', '鹦鹉', '穷奇', '女娲', '鸾鸟']
```

伙伴：啊，这次我们使用到了 insert ( )的方法，不仅可以新增一个列表元素，还可以指定位置。

小天：你还可以试试改变 insert( )里的数字值，看看运行结果会有什么不同。你能发现这个数字的奥秘吗？

```
box_list.insert(5,'巴蛇')
```

运行代码后，文本输出区得到了如下的结果：

```
['帝江', '凤凰', '夸父', '鹦鹉', '穷奇', '巴蛇', '女娲', '鸾鸟']
```

伙伴：我明白了，insert ( )方法中的数字标记出了数据项在列表中的索引位置！

2. 消失的宝箱

大家首先对变幻后消失的宝箱进行了清点，发现编号为“凤凰”的宝箱不见了。我们要把这个编号信息从原列表中移除：

```
box_list= ['帝江','凤凰','夸父','鹦鹉','穷奇','女娲','鸾鸟']
box_list.remove('凤凰')
```

运行代码后，文本输出区得到了如下的结果：

```
['帝江', '夸父', '鹦鹉', '穷奇', '女娲', '鸾鸟']
```

小天：当然，如果你记得消失的宝箱编号在原列表中的索引位置，我们也可以用 pop( )的方法来移除指定位置的数据项哦。

伙伴：我记得“凤凰”是在列表的第二个数据项，我们试试看吧！

```
box_list= ['帝江','凤凰','夸父','鹦鹉','穷奇','女娲','鸾鸟']
box_list. pop(1)
```

运行代码后，文本输出区得到了如下的结果：

```
['帝江', '夸父', '鹦鹉', '穷奇', '女娲', '鸾鸟']
```

小天：你看，无论宝箱和编号如何变化，我们总能找到方法更新列表信息的。

伙伴：小天你真是太有办法了！面对接下来未知的情况，我们更有信心了。

3. 你学到了什么

（1）choice( )方法

表 5　choice 方法

格式	说明
random.choice(range(数据))	从 range(数据)返回一个随机数
random.choice('字符串')	从'字符串'中返回一个随机字符
random.choice([列表])	从[列表]中返回一个随机元素

（2）列表新增

表 6　列表新增

格式	说明	运行
listname.append(obj)	在列表末尾添加一个新的参数	listname.append('G')　# 在列表末尾添加一个新的参数'G'
listname.insert(index,obj)	在列表的索引位置插入一个新的参数	listname.insert(3,'K') #从 0 开始，在第 3 个元素的位置插入新的参数值'K'
listname.extend(list)	在原列表末尾追加一个列表，生成一个新列表	listname.extend(['X','Y','Z']) #在原列表最后 1 个元素后面追加新列表元素 X,Y,Z

（3）列表删除

表 7　列表移除

格式	说明	运行
listname.pop(index)	移除列表中的一个元素（默认最后一个元素）	team_list.pop(2)#从 0 开始数，移除第 2 个元素
listname.remove(obj)	移除列表中某个值的第一个匹配项	team_list.remove('C')#把列表中出现的第一个'C'移除

4. 编程小测试

寻宝过程中，发现新增了一个编号为“蠃鱼”的宝箱，同时又有一个编号为“鹦鹉”的宝箱消失了。如果知道“鹦鹉”的索引位置，能否通过赋值的方式，将列表中的数据项“鹦鹉”更新为“蠃鱼”呢？

```
listname[obj]= '替换信息'
```

遍历列表就是按照顺序依次对列表中的每个元素做一次且仅做一次获取，尝试使用“for 变量 in 列表”遍历下面列表，看看结果会是怎样？

```
list_1=['春耕', '夏耘', '秋收', '冬藏']
list_2=[1,2,3,4,5,6,7,8,9,0]
```

尝试使用 choice 方法随机绘制多边形：

```
n=random.choice(range(3,9))
for i in range(n):
    fd(15)
    lt(360/n)
```

思考：完善这段代码并运行，能画出哪些形状呢？range()的范围能修改吗？使用 choice 方法，你还能编写出其他有趣的程序吗，不妨试试看哦！

试着结合所学知识，编写一个小程序，在黑色的幕布上画出色彩变幻的星形宝石。

> 提示：
> ①引入 random 随机模块；
> ②引入 turtle 海龟绘图模块；
> ③创建一个列表用来存放各种颜色；
> ④使用 choice 方法在颜色列表中随机产生颜色；

⑤使用 choice 方法在幕布上随机定位宝石出现的坐标值；
⑥使用 for 循环绘制星形宝石；
⑦使用 while 循环无限次地在幕布上画出色彩变幻的宝石。

你能读懂下面的代码，并梳理出每行代码的意义吗？

1.3星空-随机位置与颜色.py - C:/Users/Dell/Desktop/1.3星空-随机位置与颜色.py (3.8.0)

File Edit Format Run Options Window Help

```
from turtle import *
import random as r

bgcolor('black')
color_list=['red','blue','yellow','green','pink','white','purple']
ht()
j=1
while j==1:
    penup()
    x=r.choice(range(-400,400))
    y=r.choice(range(-400,400))
    goto(x,y)
    fill_color=r.choice(color_list)
    color('white',fill_color)
    pendown()
    begin_fill()
    for i in range (5):
        fd(30)
        rt(144)
    end_fill()
```

Ln: 1 Col: 20

当然，你也可以试试在绿色幕布上绘制出春天的百花齐放，在蓝色的幕布上绘制出海洋的波光粼粼……展开你的想象力去创作吧！

三、开箱的咒语

前两次开箱的结果都不尽如人意，宝石的种类和数量并不多，只剩最后一次开箱的机会。小伙伴们决定在藏宝图上找找开箱秘籍。细心的小天发现藏宝图上写了一行小字，这是一首诗歌。这首诗歌难道是开箱的咒语？

1. 思考开箱的咒语

这首诗歌有什么作用呢？找到更多宝石的咒语应该不会直接告诉我们吧！要怎样处理这首诗歌呢？是否需要将诗句的顺序随机排列呢？随机排列诗句的顺序分为两步：

- ✧ 将诗歌中的每一句诗句存入列表中；
- ✧ 使用 random 模块中的 shuffle()方法。

2. 实现开箱咒语的解密

知识锦囊

Python 中 shuffle()方法是打乱列表里面的所有元素，并随机排列。shuffle()是不能直接访问的，需要导入 random 模块，其函数原型为：random.shuffle(list)。参数只能是列表，元组、字典、字符串会报错。

下面，小天将随机排列诗句的顺序，是怎么实现的呢？

```
import random as r
list1=['诗句 1','诗句 2','诗句 3','诗句 4']
r.shuffle(list1)
print(list1)
```

运行一下，得到了以下结果：

```
['诗句 2', '诗句 1', '诗句 3', '诗句 4']
```

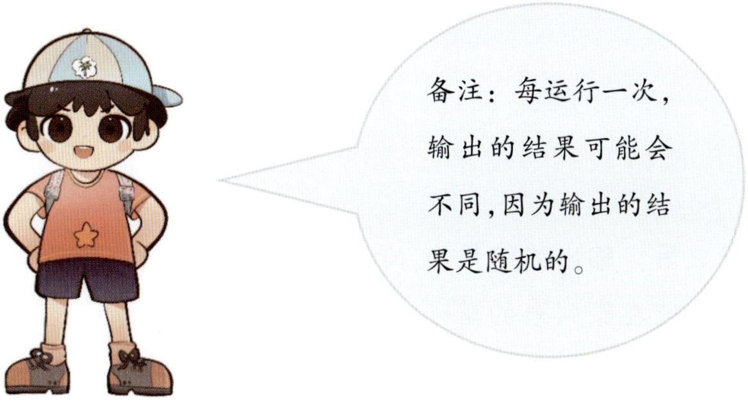

试一试

你能模仿小天刚才的代码，将下列内容随机排列吗？

春晓

唐·孟浩然

春眠不觉晓，
处处闻啼鸟。
夜来风雨声，
花落知多少。

```
import random as r
alist=['诗句1', '诗句2', '诗句3', '诗句4']
alist1= r.shuffle(alist)
print(alist1)
```

运行之后，输出的结果为 None。看来 shuffle()方法不会返回任何内容，我们只能在原列表的基础上操作。

3. 你学到了什么

表 8　shuffle()方法

功能	使用方法	代码示例	运行结果
打乱列表元素并随机排列	random.shuffle(list)	list=['你', '好', '吗'] random.shuffle(list) print(list)	['好', '吗', '你']

4. 编程小测试

如果开箱的咒语是随机获取诗歌中的两句诗句，程序又该怎么写呢？

四、五彩斑斓的宝石

寻宝小分队的成员们也太厉害了吧！他们成功地破解了开箱咒语，开启了一个最大的宝箱。箱子里面都有什么样的宝石呢？哇！这些宝石可真漂亮，它们五彩斑斓、形状各异，让我们一起来看看吧！

1. 五边形宝石

小天希望使用 for 循环语句，给大家绘制一个漂亮的五边形宝石，你能帮他把代码填写完善吗？常用的颜色可以参考下图。

试一试

```
from turtle import *
color('____', '____')#在引号中填写宝石的画笔色和填充色
begin_fill()
for i in range():#在括号中补充循环次数
    fd(_______)     #在括号中填写宝石的边长
    lt(_______)     #在括号中填写从宝石的上一条边旋转到下一条边的度数
end_fill()
```

知识锦囊

正多边形的内角等于：(n-2)×180°÷n

正多边形的旋转角等于：360/n

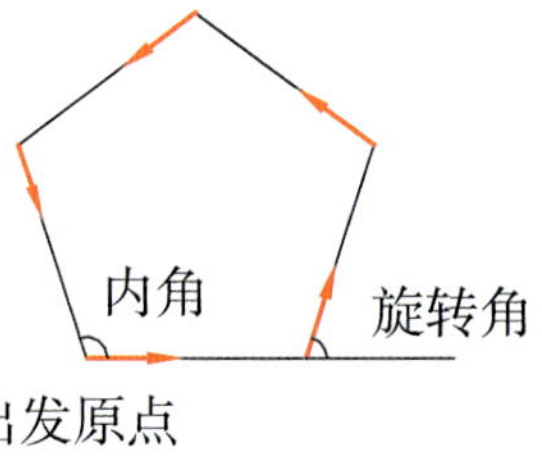

2. 其他形状的宝石

你能仿写以上代码,试试画出其他形状的宝石吗？比如三角形、六边形、正方形、五角星形……或许你还可以使用 circle（ ）函数画出圆形的宝石，快试试吧！

试一试

3. 五彩斑斓的宝石

大家画出的宝石可真漂亮啊！有没有办法可以使用一个代码文件画出多个宝石呢？小天有了一些头绪，我们一起来帮忙，让代码实现吧！

试一试

```
from turtle import *
from random import *
screensize(      )#括号中填写画布尺寸
colors=[      ]#括号中填写宝石颜色
xz=[    ]#括号中填写代表宝石形状的边数(可被360整除的整数)
for i in range(      ):#括号中填写宝石的个数
    penup()
    goto(randint(     ),randint(     ))#括号中填写宝石可能出现的位置
    a=choice(colors)
    b=choice(xz)
    color(a,a)
    pendown()
    begin_fill()
    for i in range(b):
        fd(      )#括号中填写宝石的边长
        lt(      )#括号中填写旋转角
    end_fill()
    hideturtle()
```

4. 编程小测试

你能使用 while 循环语句编写出更漂亮的宝石图吗？试一试吧！

第四部分

一张神秘的藏宝图

——未来之信

寻宝结束以后，就在大家准备离开的时候，从古堡的阁楼上飞来一只猫头鹰，它飞到小分队的面前，扔下一封信就飞走了。信上说，在未来可能会出现一些能源短缺、生物灭绝、环境污染等问题，而星之岛的宝石具有魔法，能够解决这些问题。

小分队成员带着所有的宝石，搭船回到了陆地，然后兵分几路，带着不同的宝石去到问题所在地。

小天带着宝石回到自己的家乡，他发现由于工业发展，环境受到的损害越来越大，雾霾天气也越来越严重。天空灰蒙蒙的，太阳懒洋洋地躲在被窝不肯起床，能见度非常低。小天暗下决心，一定要让家乡变回原来美丽的样子！

一、未来的警示——初识 numpy

小天需要用宝石解决家乡的雾霾问题，可是如何才能快速确定目前最亟待解决的问题和问题所在地呢？

通过查阅资料，他发现使用 numpy 模块，利用数据来分析空气污染的情况，绘制统计图，通过图形能直观找到最需要解决的问题和问题所在地，这样才能顺利开启宝石的魔法,解决雾霾问题。他马上去到书店购买了相关的书籍开始学习。

1. 认识算术运算符

为了进行数据分析和处理，小天先要学会 Python 中的数学运算，认识不同的运算符号，常见的算术运算符见表 9。

表 9　常见的算术运算符

运算符	功能	数学表达	程序输入	程序输出
+	加	66+2	66+2	68
-	减	55-22	55-22	33
*	乘	11×6	11*6	66

续表

运算符	功能	数学表达	程序输入	程序输出
/	除	18÷4	18/4	4.5
%	取余	12÷9=1……3	12%9	3
//	取整除	22÷9=2……4	22//9	2
**	指数	3^3	3**3	27

小天发现，在 Python 中进行数学计算时，与数学中的运算符优先级一致，同样也是先乘除后加减，同级运算符从左至右计算，可以使用“( )”调整运算的优先级。他试着写下了如下代码：

```
print((10+8)/4)
```

运行程序后，程序输出了 4.5。

小天又接连写下了几行代码，你能试着写出程序的运行结果吗？

```
print(35/7)
print(16%3)
print(18+77%9)
print(3*6**2)
```

试一试

2. numpy 数组的创建

知识锦囊

数组是具有相同类型的若干数据组成的无序数据集合。通过 numpy 模块中的 array() 函数可以实现数组的创建。

创建数组时，通常将 array() 函数与列表一起使用。

```
import numpy as np  #导入模块，并重命名为 np
a=np.array(列表)      #创建数组
```

看到这里，小天立即编写代码创建数组。

```
import numpy as np          #导入模块，并重命名为 np
a=np.array([0,1,2,3,4])     #创建一维数组
print('一维数组：\n',a)      #打印数组
```

运行代码，得到了如下的结果：

```
一维数组：
 [0 1 2 3 4]
```

当然，数组的创建可不止这一种方法，使用 numpy 模块中的 arange()，ones()、zeros()等函数也可以创建数组。

```
import numpy as np       #导入模块，并重命名为 np
a=np.arange(4)           #创建 a 数组
print(a)
b=np.zeros(5)            #创建由 5 个 0 组成的数组
print(b)
c=np.ones(6)             #创建由 6 个 1 组成的数组
print(c)
```

运行代码后，得到了如下 3 个数组：

```
[0 1 2 3]
[0. 0. 0. 0. 0.]
[1. 1. 1. 1. 1. 1.]
```

3. numpy 数组运算

成功创建好数组以后，小天开始继续学习数组的运算。

知识锦囊

对一个数组进行数学计算，它会对数组的每一个元素进行数学运算。例如数组 a 加 1，表示对数组 a 的每一个元素都加 1。对两个数组进行数学运算，它会对两个数组对应元素进行运算。

为了更好地理解数组间的运算规则，小天试着编写代码，通过程序来加深对数组运算的理解。

```
import numpy as np          #导入模块，并重命名为 np
a=np.array([0,1,2,3,4])  #创建数组 a
b=np.array([5,6,7,8,9])  #创建数组 b
c=a+b                       #将数组 a，b 相加的结果赋值给 c
print('c 数组为：\n',c)     #打印数组 c
```

运行代码，程序的结果如下：

```
c 数组为：
 [ 5  7  9 11 13]
```

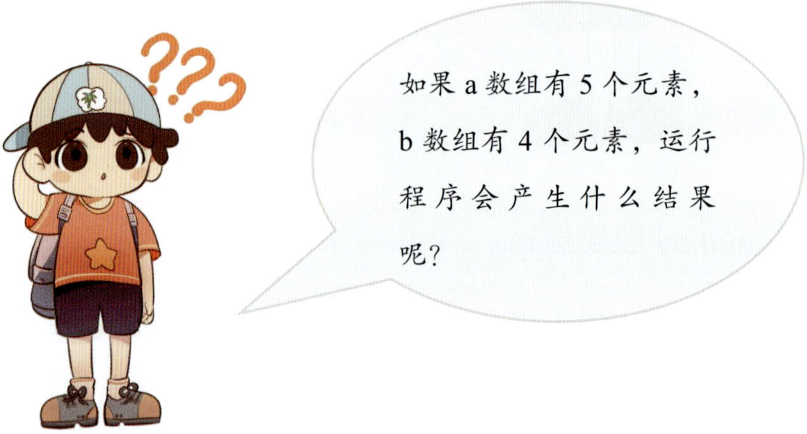

4. 编程小测试

小天觉得仅凭借手中现有的书籍很难学好 Python，他又接连在书店购买了一批书籍，你能帮助小天使用 numpy 数组计算他应该向书店支付的总费用吗？

表 10　购书清单

图书名称	单价/（元/本）	购买数量/本
《Python 程序设计》	28	4
《利用 Python 进行数据分析》	40	3
《Python 从入门到实践》	35	2

试一试

____

____

____

____

____

二、数据背后的问题——numpy 常用函数

小天看着灰蒙蒙的天空，更加坚定了心中的信念，要通过自己的努力，让家乡变回原来美丽的样子！于是他又将自己封闭在古堡里修炼。通过学习购买的 Python 书籍，小天掌握了 numpy 模块的三项本领：Python 列表、读写文本文件、数据分析。他使用爬虫技术，在网络上爬取了空气质量监测数据，通过数据分析了解家乡空气污染情况。

1.Python 列表

知识锦囊

列表（List）是最常用的 Python 数据类型。

创建一个列表： 列表名 = [数据 1 ，数据 2 ，数据 3 ，…，]

小天将自己一天需要做的事列成清单：

☑吃饭

☑学习

☑睡觉

同时他编写了如下代码，通过列表来记录自己要做的事情。

```
toDo = ['吃饭', '学习', '睡觉']
```

通过查阅资料，小天发现，列表中的数据可以是不同的类型，可以同时包含整型、浮点型、字符串、列表等多种类型的数据。

```
[10, 20, 30, 40]
['red', 'green', 'blue']
['red', 2.0, 5, [10,20]]
```

2. 读写文本文件

随着数据量的不断增大，小天只能把数据存储在文件中，常用的数据存储文件格式包括 txt、csv 等。为了处理数据，他决定使用 numpy 模块的相关函数对数据进行操作。

知识锦囊

```
#读取文件的数据
import numpy as np
a = np.loadtxt(fname,dtype,delimite)
```

表 11　参数说明

参数	说明
fname	被读取的文件名（文件的相对地址或者绝对地址）
dtype	指定读取后数据的数据类型
delimiter	指定读取文件中数据的分割符

根据知识锦囊的提示，小天赶紧使用记事本创建了一个“数据表.txt”文件。

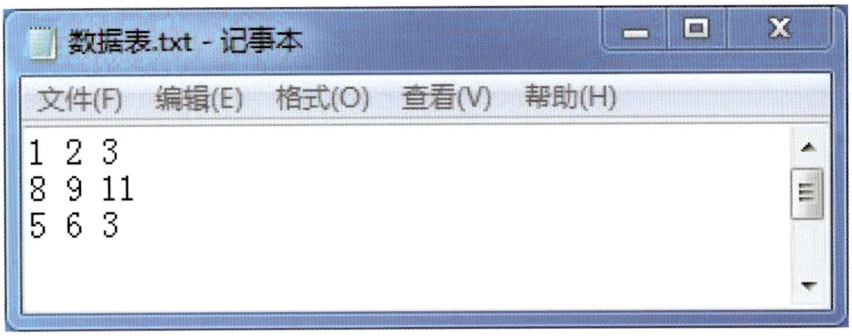

然后他编写了如下代码，试图将文件中的数据读取出来。

```
import numpy as np      #导入numpy模块，并重命名为np
a = np.loadtxt(fname = '数据表.txt', dtype = np.float, delimiter = None)
print(a)
```

运行代码，果真将记事本文件中的数据读取了出来。

```
[[ 1.   2.   3.]
 [ 8.   9.  11.]
 [ 5.   6.   3.]]
```

接着，小天开始思考，能不能通过 numpy 模块保存数据到文件呢？于是他又打开了一个锦囊。

知识锦囊

```
#保存数据到文件:
import numpy as np
np.savetxt('新数据表.txt', [20,21,23], fmt='%.2f',
delimiter = None)
```

表 12　参数说明及作用

参数说明	作用
第一个参数是要写入的文件名	若文件不存在则自动创建
[20,21,23]	需要写入文件的数据
fmt	保存的数据格式，fmt='%.2f'表示数组将以两位小数的形式保存

小天运行代码，程序自动创建了名为“新数据表.txt”的文件并且将数据写入了文件。

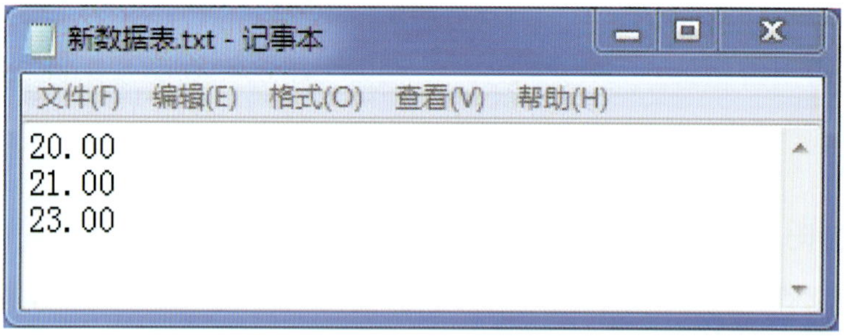

3. 常用统计函数

数据分析，可以将杂乱无章的数据进行计算、处理、分析，找寻数据的内在结构和规律。numpy 模块有许多的统计函数，可以用于数据分析。

知识锦囊

函数	说明
sum()	求和
mean()	平均数
min()	最小值
max()	最大值
var()	方差
std()	标准差

小天通过爬虫技术，在网络上爬取了各地的空气质量监测数据，见表 13（爬虫源代码详见附录）。

表 13　各地的空气质量检测数据

城市名称	空气质量	AQI 指数	$PM_{2.5}$	天气
A	良	76	55	小雨 11 ~ 5 °C
B	轻度污染	107	80	小雨 12 ~ 7 °C
C	良	83	61	小雨 11 ~ 7 °C
D	良	64	44	小雨 11 ~ 5 °C
E	轻度污染	118	89	小雨 11 ~ 3 °C
F	良	81	60	小雨 12 ~ 5 °C
G	良	80	59	小雨 11 ~ 5 °C
H	良	80	59	小雨 11 ~ 5 °C
I	优	43	30	小雨 12 ~ 5 °C
J	轻度污染	101	75	小雨 12 ~ 3 °C

续表

城市名称	空气质量	AQI 指数	$PM_{2.5}$	天气
K	良	89	66	小雨 11 ~ 5 °C
L	优	23	12	小雨 12 ~ 7 °C
M	良	23	12	小雨 12 ~ 7 °C
N	良	23	12	小雨 8 ~ 3 °C
O	良	75	55	小雨 12 ~ 6 °C
P	良	92	68	小雨 11 ~ 3 °C
Q	良	92	68	小雨 11 ~ 3 °C
R	良	85	62	小雨 12 ~ 7 °C
S	良	66	47	小雨 10 ~ 5 °C

其中空气质量指数（Air Quality Index，AQI）是定量表述空气质量状况的指数，其数值越大则说明空气污染状况越严重，对人体健康的危害也就越大。而 $PM_{2.5}$ 是指环境空气中空气动力学当量直径小于等于 2.5 mm 的颗粒物，也称细颗粒物，如果空气中的含量越高，空气污染越严重，则含有的有毒有害物质越多，对人体和环境质量都有影响。

为了了解空气污染情况，现在请你帮助小天使用 numpy 模块中的常用统计函数计算各地的控制质量情况，计算平均值、最大值、最小值。

试一试

参考代码：

```
import numpy as np
data =np.loadtxt(open('info.csv', "r"), dtype=float,
                 delimiter=",", usecols=3, skiprows=1, encoding='utf-8')
print("PM2.5每立方米总和：", data.sum())
print("PM2.5每立方米均值：", data.mean())
print("PM2.5每立方米标准差：", data.std())
print("PM2.5每立方米方差：", data.var())
print("PM2.5每立方米最小值：", data.min())
print("PM2.5每立方米最大值：", data.max())
```

代码执行结果：

```
PM2.5 每立方米总和：21367.0
PM2.5 每立方米均值：52.24205378973105
PM2.5 每立方米标准差：32.407967743875275
PM2.5 每立方米方差：1050.2763732880603
PM2.5 每立方米最小值：4.0
PM2.5 每立方米最大值：168.0
程序运行结束
```

三、绘制统计图——matplotlib 模块

1. 最大的敌人现身

环境每况愈下，伸手不见五指，小伙伴都不在身边，光线暗淡，灰色如刚打开蒸笼时蔓延出的雾气，蜿蜒覆盖了天与地。但这雾气这么厚重，高大的建筑物被黑灰色模糊掉棱角。小天感觉仿佛有人扼住了自己的咽喉，空气中弥漫着令人窒息的味道，他爆发了剧烈的咳嗽，忙捂住自己的口鼻。

这天地到底是怎么了？

小天艰难地捂住口鼻冲进古堡，在这里，他找到了一些文档。

这一切的罪魁祸首就是——雾霾。

在这无穷无尽的黑灰色中，大厦中的昏黄光线摇摇欲坠。小天看看自己手中发出光芒的宝石。宝石在昏暗中显得那么光彩熠熠，仿佛在宣示着自己的神奇力量！

“我必须找到雾霾的本体所在地，用宝石消灭它。现在只有我了，宝石在我这儿，只有我了……只有我能做到了，勇敢一点……”小天给自己打气。他转头透过破败的窗口看向外面，雾气满天，魔王“雾霾”仿佛在狞笑：“就凭你，怎能找到我的踪迹，哈哈哈哈哈哈。”

“没关系，我能行！”小天继续翻找，想看看这间屋子里有没有什么线索。

2. 找到秘籍，希望出现

在一个角落里，他发现一个文档里记载着一个神奇的模块——Matplotlib。它能够绘制出魔王最常出没的区域。

小天立即上网查阅资料，发现 Matplotlib 本身是 Python 的世界里最著名的绘图库，一直广泛地应用在科学计算和数据可视化领域。

知识锦囊

Matplotlib 命令提供了交互绘图的方式，可以绘制出线图、散点图、等高线图、条形图、柱状图、3D 图甚至是图形动画等，生成的图像可以保存成许多格式，这取决于其所使用的后端，但绝大多数后端都支持如 png、pdf、ps、eps 和 svg 等格式。下图是通过 Matplotlib 绘制的一些图例。

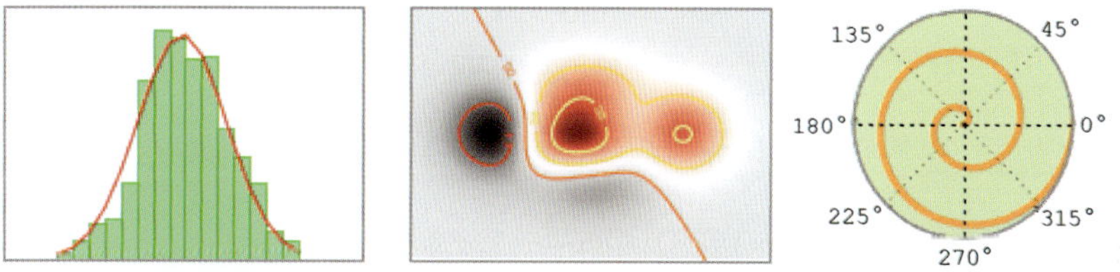

绘图前需要安装 Matplotlib 模块，可以输入如下命令：

```
pip install matplotlib
```

安装好模块后，可以使用如下命令将Matplotlib导入程序：

```
from matplotlib import pyplot as plt
```

3. 学习武技，寻找魔王踪迹

小天努力学习着秘籍里的 Matplotlib 武技。要想习得此高深功法，需从小练起，内外齐通。小天本就修习较晚，如今在这种情况下，又心起杂念，难以静神。于是，他找出一张图，将秘籍中常用的让魔王现身的方法整理下来。只见随着笔唰唰而动，方法已跃然纸上。

秘籍

针对不同的数据集，需要分析的内容不同，可以选择不同的图表进行展示，常用的图表有柱形图、折线图、饼形图、散点图等。

比如，针对数据集，要挖掘变量之间的关系，可运用折线图、散点图等进行展示；多个项目进行比较分析，可利用柱形图、折线图等进行展示。

表 14　图表示例

图表	方法	代码示例	运行结果
饼图	pie()	from matplotlib import pyplot as plt a = [1,4,4,5] labels = ['D', 'C', 'B', 'A'] colors = ['red', 'blue', 'yellow', 'green'] plt.pie(a, colors=colors, labels=labels) plt.title('Pie Show') plt.show()	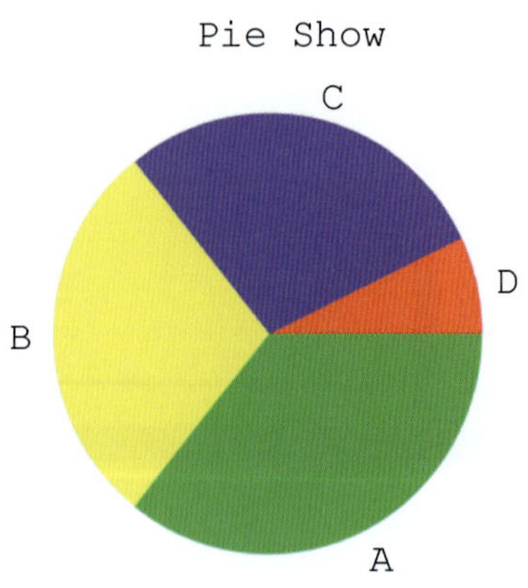

续表

图表	方法	代码示例	运行结果

折线图	plot()	from matplotlib import pyplot as plt
		a = [[10.04, 10.41], [11.02, 11.21], [10.79, 11.37], [11.79, 11.37]]
		plt.plot(a)
		#图例
		plt.legend(labels=['Mi', 'Tom'])
		plt.title('')
		plt.show()
			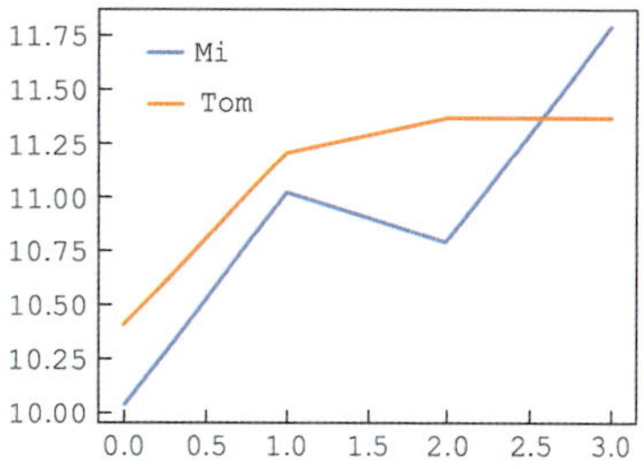

柱形图	bar()	from matplotlib import pyplot as plt plt.bar(['2017', '2018', '2019'], [890, 1130, 1289], width=0.5) #设置字体 plt.rcParams['font.sans-serif'] = ['SimHei'] plt.xlabel('年份') plt.ylabel('人数') plt.title('柱形图') plt.show()	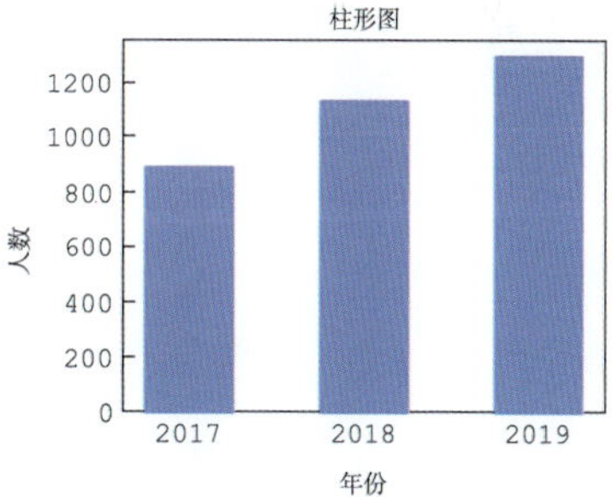

4. 一举消灭敌人

魔王“雾霾”最常出设的城市有一个特征——那就是魔王的信息素（$PM_{2.5}$）的值会特别高。于是，小天使用______函数画出了魔王最常出没的五个地域的信息素（$PM_{2.5}$）值柱状图：

```
import numpy as np
from matplotlib import pyplot as plt
# 文件读取魔王出没地点的数据
data = np.array(np.loadtxt(open('info.csv', "r"), dtype=str,
                           delimiter="," , usecols=(0, 3),
                           skiprows=1, encoding='utf-8'))
#1 对魔王出没地点的魔王信息素（PM2.5）的值进行排序
da=sorted(data, key=lambda data: int(data[1]), reverse=True)
#2 选择出魔王信息素（PM2.5）最高的五个位置
show_data = da[:5]
#3 分出位置和 PM2.5 值
city = list(map(lambda data: data[0], show_data))
temp = list(map(lambda data: int(data[1]), show_data))
#4 创建柱状图、生成目标图
plt.bar(__________,____________,width=0.5)
plt.rcParams['font.sans-serif'] = ['SimHei']
plt.title("魔王最常出没的五个地域的信息素值")
plt.xlabel('区域名称')
plt.ylabel('PM2.5')
plt.legend()
plt.show()
```

原来是这些地方。小天胸有成竹，坚定地踏上寻找魔王之旅。

魔王最常出没的五个地域的信息素值

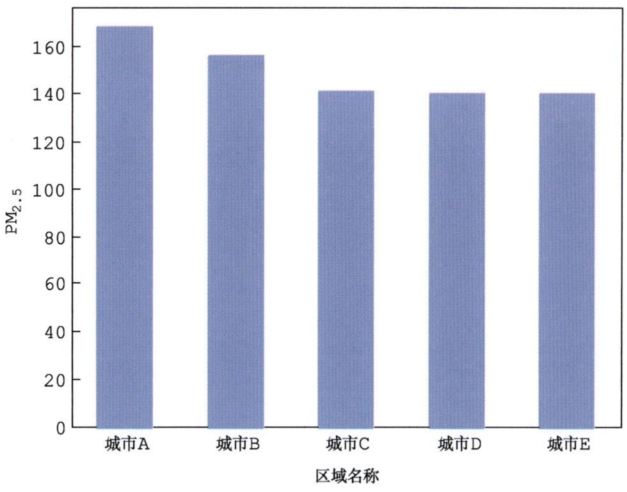

最终，他在信息素值排名第二的位置找到了魔王，魔王现在所处的地区是：__________，其 $PM_{2.5}$ 的平均含量达到了_________微克/米^3。

小天看着眼前庞大的黑灰色身影，丝毫没有畏惧。经过了这么多磨难，苦心修炼，就为这一刻做准备。终于，他坚定地举起宝石，“让雾霾消失吧，宝石，我向你许愿！”

话音刚毕，宝石顿时绽放出巨大的光芒，这光芒照耀了天地，雾霾快速土崩瓦解，他叫嚣着：“我一定会再回来的，啊……”

不，我们不会再给你这个机会了，小天坚定地想。

附录　爬虫技术参考代码

```
import requests
import numpy as np
from lxml import etree
import csv
class Weather():
    #初始化
    def __init__(self):
        #url
        self.url = 'http:#www.pm25.com/'
        self.headers = {"User-Agent": "Mozilla/5.0 (Windows NT 10.0;
            Win64; x64) AppleWebKit/537.36 (KHTML, like Gecko)
            /Chrome/87.0.4280.88 Safari/537.36 "}
    #发送请求
    def get_data(self):
         response = requests.get(url=self.url, headers= self.headers)
         return response
    #解析
    def parse_data(self, response):
        html = etree.HTML(response.content)
        link_list = html.xpath(
            '#*[@id="scrollbar1"]/div[3]/div/div[3]/div/dl/dd/a/@href')
        for link in link_list:
            link = 'http:#www.pm25.com' + link
```

```
#解析子页数据
self.url = link
response = self.get_data()
html = etree.HTML(response.content)
try:
    city_name = html.xpath(
      "/html/body/div[6]/div/div[1]/h2/text()")[0]
except:
    pass
try:
   qua = html.xpath("/html/body/div[6]/ div/div[3]/
      div[1]/p/span[1]/text()")[0]
except:
    pass
try:
    aqi_num = html.xpath(
      "/html/body/div[6]/div/div[3]/div[1]/a/text()")[0]
except:
    pass
try:
   pm = html.xpath("/html/body/div[6]/div/div[3]/div[2]
       /p[1]/span/text()")[0] + '微克/立方米'
except:
    pass
try:
    wea = html.xpath(
     "/html/body/div[6]/div/div[4]/div/p/span/text()")[0]
    temp = html.xpath(
```

```
                "/html/body/div[6]/div/div[4]/div/p/text()")[1]
            add_weather = wea + temp
        except:
            pass

        data = "城市名称:" + city_name + ", " + "空气质量:" + qua
        + ", " + "AQI 指数:" + aqi_num + ", " + "PM2.5 浓度:" + pm +
        ', ' + "天气:" + add_weather
        print(data)
        #写入 csv
        csv_writer.writerow([city_name, qua, aqi_ num, pm,
        add_weather])
    #调用
    def run(self):
        response = self.get_data()
        self.parse_data(response)
if _name_ == '_main_':
    with open('info.csv', 'a', newline='') as f:
        csv_writer = csv.writer(f)
        csv_writer.writerow(["城市名称", "空气质量", 'AQI 指数', "PM2.5",
            "天气"])
        weather = Weather()
        weather.run()
        print('爬取完毕! ')
```